Ni、Co、Fe基复合材料的制备及其电化学性能研究

闫慧君　白建伟 ◎ 著

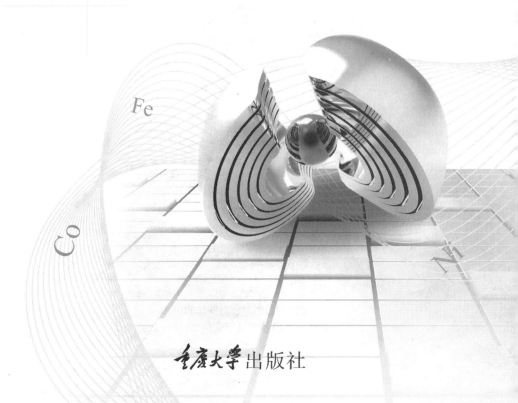

重庆大学出版社

内容提要

超级电容器能输出高的能量密度和功率密度,是一种非常重要的储能装置。在该装置中,电极材料的性能是影响超级电容器能量输出的关键。本书共9章,主要研究通过不同方法制备的分等级 β-Ni(OH)$_2$ 花状微球、分等级 β-Ni(OH)$_2$ 空心微球、graphene/Ni(OH)$_2$ 复合物、3D graphene/Ni(OH)$_2$ 复合物、层状 α-Ni(OH)$_2$/RGO 复合物、3D Co$_3$O$_4$/GA 复合物及 FeG 复合物等一系列不同形貌的电极材料。研究中采用了 XRD、SEM、TEM、Raman、XPS 等测试手段对产物进行表征,分析其晶型、组成及形貌等,并初步探讨了产物的合成机理,对产物进行循环伏安、恒电流充放电和交流阻抗等测试考察其电化学性能。

本书理论与实际结合,可作为本科生及研究生的学习教材,也可作为工程项目人员科研、设计的参考资料。

图书在版编目(CIP)数据

Ni、Co、Fe 基复合材料的制备及其电化学性能研究/闫慧君,白建伟著. -- 重庆:重庆大学出版社,2020.6
ISBN 978-7-5689-2101-5

Ⅰ.①N… Ⅱ.①闫… ②白… Ⅲ.①电化学—复合材料—研究 Ⅳ.①O646

中国版本图书馆 CIP 数据核字(2020)第 099949 号

Ni、Co、Fe 基复合材料的制备及其电化学性能研究

闫慧君 白建伟 著

策划编辑:杨粮菊

责任编辑:张红梅　版式设计:杨粮菊
责任校对:王倩　　 责任印制:张策

*

重庆大学出版社出版发行
出版人:饶帮华
社址:重庆市沙坪坝区大学城西路21号
邮编:401331
电话:(023)88617190　88617185(中小学)
传真:(023)88617186　88617166
网址:http://www.cqup.com.cn
邮箱:fxk@cqup.com.cn(营销中心)
全国新华书店经销
重庆升光电力印务有限公司印刷

*

开本:720mm×960mm　1/16　印张:10.75　字数:201千
2020年6月第1版　2020年6月第1次印刷
ISBN 978-7-5689-2101-5　定价:58.00元

本书如有印刷、装订等质量问题,本社负责调换
版权所有,请勿擅自翻印和用本书
制作各类出版物及配套用书,违者必究

前 言

由于能源需求的日益增长和空气污染、全球变暖等环境问题的日益严重，人们越来越希望有一种储存和转换能量的替代能源装置出现。为此，超级电容器应运而生了。与锂离子电池和传统的介质电容器相比，超级电容器具有充电速度快、循环使用寿命长、能量转换效率高、功率密度高、安全系数高和绿色环保等优点，已成为非常重要的储能装置。在超级电容器中，电极材料的优劣是影响其能量输出的关键。基于此，本书介绍了分等级 β-Ni(OH)$_2$ 花状微球、分等级 β-Ni(OH)$_2$ 空心微球、graphene/Ni(OH)$_2$ 复合物、3D graphene/Ni(OH)$_2$ 复合物、层状 α-Ni(OH)$_2$/RGO 复合物、3D Co$_3$O$_4$/GA 复合物及 α-FeOOH/石墨烯(FeG)复合物等一系列不同形貌的电极材料的制备方法；采用了 XRD、SEM、TEM、Raman、XPS 等测试手段对产物进行了表征，分析其晶型、组成及形貌等；并初步探讨了产物的合成机理。对产物进行循环伏安、恒电流充放电和交流阻抗等测试以考察其电化学性能，对拓展超级电容器在电力储能、电动汽车及便携式电子产品等前沿领域的应用具有理论价值和现实价值。

本书第 1、第 2 章介绍了超级电容器的基本原理、分类、应用、电极材料、研究意义、实验材料及表征方法等内容；第 3、第 4 章讲解了分等级 β-Ni(OH)$_2$ 花状微球和分等级 β-Ni(OH)$_2$ 空心微球的制备方法、形成机理及电化学性能等内容；第 5—7 章阐述了 Ni(OH)$_2$ 与 graphene 以不同方式结合形成不同形貌、结构的 graphene/Ni(OH)$_2$ 复合物，深入研究了其形成过程、电化学性能及结构对性能的影响；第 8、第 9 章分析了 3D Co$_3$O$_4$/GA 复合物和 α-FeOOH/石墨烯复合物的晶型、组成、形貌及电化学性能，并探讨了 Co$_3$O$_4$/

GA//GA SASC 的循环寿命、电压范围及功率匹配等工程领域的实际问题。

本书由哈尔滨学院闫慧君和哈尔滨工程大学白建伟共同撰写完成。其中，第1—5章和第6章部分内容由闫慧君著（共计10.1万字），其余内容由白建伟著（共计10万字），全书由闫慧君负责统稿工作。

本书在撰写过程中，参阅了大量相关文献和书籍，并得到了哈尔滨工程大学王君教授的大力支持，在此一并表示衷心感谢。

鉴于作者水平有限，书中难免存有不当之处，敬请广大读者赐教。

著 者
2020年2月

目 录

第1章 绪论 ··· 1
1.1 引言 ·· 1
1.2 超级电容器概述 ··· 1
1.2.1 超级电容器的基本原理及分类 ·· 1
1.2.2 超级电容器的性能评价及影响因素 ··································· 3
1.3 超级电容器的设计 ·· 5
1.3.1 传统的超级电容器 ·· 5
1.3.2 柔性超级电容器 ··· 5
1.3.3 微型超级电容器 ··· 8
1.4 超级电容器的应用 ··· 10
1.5 超级电容器的电极材料 ·· 12
1.5.1 石墨烯及石墨烯基复合电极材料 ··································· 14
1.5.2 $Ni(OH)_2$ 及其复合物电极材料 ····································· 22
1.5.3 FeOOH 及其复合物电极材料 ······································· 26
1.5.4 $Co_3O_4/Co(OH)_2$ 及其复合物电极材料 ··························· 28
1.6 本书研究的意义 ··· 29
1.7 本书研究的主要内容 ··· 30

第2章 实验材料及表征方法 ··· 32
2.1 实验仪器 ··· 32
2.2 主要实验试剂 ·· 33
2.3 表征与分析方法 ··· 34

第3章 分等级 β-$Ni(OH)_2$ 花状微球的制备及其电化学性能研究 ········· 37
3.1 引言 ··· 37
3.2 实验部分 ··· 38
3.2.1 分等级 β-$Ni(OH)_2$ 花状微球的制备 ······························ 38
3.2.2 电极的制备和电化学表征 ·· 38
3.3 结果与讨论 ·· 39

3.3.1 材料表征 …………………………………………………………… 39
3.3.2 分等级 β-Ni(OH)$_2$ 花状微球的形成机理 ………………………… 41
3.3.3 电化学性能研究 ………………………………………………… 42
3.4 本章小结 ………………………………………………………………… 45

第4章 分等级 β-Ni(OH)$_2$ 空心微球的制备及其电化学性能研究 ……… 46
4.1 引言 ……………………………………………………………………… 46
4.2 实验部分 ………………………………………………………………… 47
4.2.1 分等级 β-Ni(OH)$_2$ 空心微球的制备 ……………………………… 47
4.2.2 电极的制备和电化学表征 ………………………………………… 47
4.3 结果与讨论 ……………………………………………………………… 48
4.3.1 材料表征 …………………………………………………………… 48
4.3.2 分等级 β-Ni(OH)$_2$ 空心微球的形成机理 ………………………… 50
4.3.3 电化学性能研究 ………………………………………………… 54
4.4 本章小结 ………………………………………………………………… 58

第5章 Graphene/Ni(OH)$_2$ 复合物的制备及其电化学性能研究 ………… 59
5.1 引言 ……………………………………………………………………… 59
5.2 实验部分 ………………………………………………………………… 60
5.2.1 Graphene 的制备 …………………………………………………… 60
5.2.2 Graphene/Ni(OH)$_2$ 复合物的制备 ………………………………… 60
5.2.3 电极的制备和电化学表征 ………………………………………… 61
5.3 结果与讨论 ……………………………………………………………… 61
5.3.1 材料表征 …………………………………………………………… 61
5.3.2 电化学性能研究 ………………………………………………… 69
5.4 本章小结 ………………………………………………………………… 75

第6章 3D graphene/Ni(OH)$_2$ 复合物的制备及其电化学性能研究 …… 76
6.1 引言 ……………………………………………………………………… 76
6.2 实验部分 ………………………………………………………………… 77
6.2.1 3D graphene 泡沫的制备 …………………………………………… 77
6.2.2 3D graphene/Ni(OH)$_2$ 复合物的制备 …………………………… 77
6.2.3 电极的制备和电化学表征 ………………………………………… 78
6.3 结果与讨论 ……………………………………………………………… 78

  6.3.1 材料表征 ·· 78
  6.3.2 电化学性能研究 ·· 83
 6.4 本章小结 ·· 90

第 7 章 层状 α-Ni(OH)$_2$/RGO 复合物的制备及其非对称超级电容器性能研究 ··· 91
 7.1 引言 ·· 91
 7.2 实验部分 ·· 92
  7.2.1 α-Ni(OH)$_2$ 的制备 ··· 92
  7.2.2 α-Ni(OH)$_2$ 的剥离 ··· 93
  7.2.3 α-Ni(OH)$_2$/GO 复合物和 α-Ni(OH)$_2$/RGO 复合物的制备 ······
   ·· 93
  7.2.4 电极的制备及电化学性能测试 ·· 94
 7.3 结果与讨论 ·· 94
  7.3.1 材料表征 ·· 94
  7.3.2 电化学性能研究 ·· 97
 7.4 本章小结 ·· 105

第 8 章 含 Co$_3$O$_4$ 自组装的 3D graphene 气凝胶的制备及其电容器性能研究
  ·· 106
 8.1 引言 ·· 106
 8.2 实验部分 ·· 107
  8.2.1 Co$_3$O$_4$/GA 复合物的制备 ··· 107
  8.2.2 GA 的制备 ··· 107
  8.2.3 SASCs 的制备及电化学性能测试 ····································· 107
 8.3 结果与讨论 ·· 108
  8.3.1 材料表征 ·· 108
  8.3.2 电化学性能研究 ·· 112
 8.4 本章小结 ·· 118

第 9 章 一步水热法制备的 FeG 复合物及其电化学性能研究 ············· 119
 9.1 引言 ·· 119
 9.2 实验部分 ·· 120

9.2.1 材料的制备 …………………………………………… 120
9.2.2 电极的制备和电化学表征 …………………………… 120
9.3 结果与讨论 ………………………………………………… 121
9.3.1 材料表征 ……………………………………………… 121
9.3.2 电化学性能研究 ……………………………………… 127
9.4 本章小结 …………………………………………………… 130

结论 ……………………………………………………………… 131

参考文献 ………………………………………………………… 134

第1章 绪 论

1.1 引 言

储能技术是收获动能的重要技术,市场对环保和高性能储能装置的需求日益增长。超级电容器(SCs),又名电化学电容器,通过在电极/电解液的电化学界面处发生电荷吸附与脱附来储存和释放能量[1]。与传统电容器相比,SCs 表现出了极高的功率密度、能量密度以及更长的循环寿命[2,3],这些特性使超级电容器在家用电子产品、重型电动汽车和工业电力管理等领域得到了广泛应用[4]。蓄电池和燃料电池是通过化学作用来储存能量的,而 SCs 则利用电解液离子和高比表面积电极之间的电荷吸附与脱附来储存能量。由于其显著的高功率容量和比能量特性,超级电容器成了蓄电池和传统电容器的桥梁。为了能够在将来的销售市场上取代蓄电池,针对增加超级电容器能量效率的大量研究仍在持续,结果发现,将具有超高比表面积和最佳孔径尺寸的电极材料配以适当的电解液组装成超级电容器后,其功率密度和能量储存能力显著提高了,由此可见电极材料的设计对 SCs 技术的发展起到了关键作用[5]。

1.2 超级电容器概述

1.2.1 超级电容器的基本原理及分类

超级电容器由于具有功率密度高、充放电快速及使用寿命长等优势[6],

已被广泛应用在混合动力电动汽车、大型工业设备、内存备份设备及可再生能源发电厂[7]。与传统的静电容器不同，SCs 并不是通过在电场中强加的薄层介电材料来储存电荷，而是通过在高比表面积、多孔的电极材料与电解液之间的电化学界面储存电荷。超级电容器的比电容(C)定义如下：

$$C = \frac{Q}{V} \tag{1.1}$$

其中，Q 为单位质量电极上储存的电荷量，V 为工作电压窗口。

超级电容器由于其不同的储存能量机制，可分为以下两种基本类型：

(1)电化学双电层电容器(EDLCs)[8](下文称"双层电容器")。该类电容器是由电极表面的双电层引起的，通过在电极/溶液界面的电荷吸脱附实现能量存储，在电极处积累电子是一个非氧化还原过程，可以通过优化孔体积、孔径分布、分等级结构大孔和介孔之间的互通性以及扩大材料比表面积来提高电容。EDLCs 在电极和电解液间未发生电荷转移，其电荷储存具有高度的可逆性，因此其循环稳定性高[9]。通常情况下，具有大比表面积的碳基活性物质被用作 EDLCs 的电极材料。EDLCs 的比电容计算公式如下：

$$C = \frac{\varepsilon_r \varepsilon_0}{d} A \tag{1.2}$$

其中，ε_r 为双电层中介质的相对介电常数，ε_0 为真空的介电常数，A 为电极的比表面积，d 为双电层的有效厚度。

(2)赝电容器(Pseudocapacitor)。这类电容器源于电极材料与电解液之间发生的氧化还原反应[5,10]。在电荷处积累电子是一个氧化还原过程，包括氧化还原反应、电荷嵌入和吸附[9]，此过程中产生的电子在电解液与电极交界面进行传输。金属氧化物的理论赝电容计算公式如下：

$$C = \frac{n \times F}{M \times V} \tag{1.3}$$

其中，n 为氧化还原反应中平均电子转移数，F 为法拉第常数，M 为金属氧化物的摩尔质量，V 为工作电压窗口。赝电容材料的比电容(一般为 300~1 000 F/g)远高于双电层电容材料(一般为 100~250 F/g)，主要的赝电容材料包括金属氧化物和导电聚合物。双电层电容材料拥有高的电化学循环稳定性，但它的电容值通常很低，赝电容材料则呈现出高电容量和相对较差的循环稳定性。因此，综合利用双电层电容和赝电容材料各自的优势被认为是提高 SCs 电化学性能的有效途径(图1.1)。

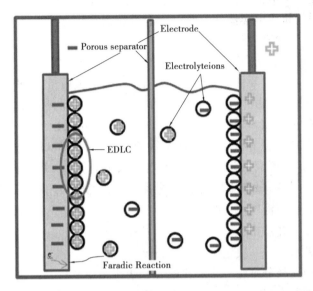

图 1.1 双电层电容器和赝电容器 2 电池电极装置示意图[11]

1.2.2 超级电容器的性能评价及影响因素

一个典型超级电容器是由双电极、多孔隔膜和电解液共同组成的。当实施外加电压时,电极两端各积累大量的相反电荷,这些电荷能够产生一个电场,从而使超级电容器储存能量。SCs 性能的优劣主要体现在其功率密度和能量密度的大小上,能量密度决定了 SCs 作为电源的使用寿命,而功率密度则决定了其储能/放能的快慢。

超级电容器的能量密度 E 表示为:

$$E = \frac{CV^2}{2} \quad (1.4)$$

超级电容器的最大功率密度 P_{max} 表示为:

$$P_{max} = \frac{V^2}{4R} \quad (1.5)$$

式(1.5)中,R 为装置中所有组件的等效串联电阻。在单个超级电容器中可以同时使用双电层电容材料和赝电容材料来组装成混合超级电容器,通过利用法拉第和非法拉第两个过程储存电荷,混合超级电容器能够获得更高的能量密度和功率密度,同时保持良好的循环稳定性。如:在单个的 SCs 中,充放电时,在一侧电极上发生氧化还原反应,在另一侧电极上发生非氧化还原反应,这样的超级电容器称为非对称混合超级电容器。另外两种混合超级电容器为仿电池混合型和复合物混合型。事实上,随着各类超级电容器技术的不断发展,可重点结合不同电极材料的优势以提高装置的性能。

超级电容器的主要性能参数包括比电容(按电极质量、体积、面积计算)、能量密度、功率密度、大电流充放电能力(在大电流负载下电容保持率)和循环稳定性。为了增加 SCs 的能量密度和功率密度,可采取增加比电容 C 和工作电压窗口 V 或降低等效串联电阻 R 等措施。对于 EDLCs,最大的电势窗口 V_m 主要依赖于电解液的选择,受限于电解液的稳定性,基于液态电解质的 SCs 通常 V_m 为 1 V,最新研究趋向于发展非液态电解液用以得到更高的 V_m,如离子液体基电解液的 V_m 可达 3.5 V[12]。作为一种理想的超级电容器电极材料应具备以下几点[13]:

①高比表面积——决定了比电容;
②优异的孔径分布——影响比电容和快速充放电能力;
③高电子导电率——对大电流充放电能力和功率密度至关重要;
④理想的电活性位点——可以产生赝电容;
⑤高热稳定性和化学稳定性——影响循环稳定性;
⑥原材料的生产价格低廉。

由上述分析可知,影响 SCs 电容大小的最重要因素是有效表面积,它决定了电极/电解液接触面积的大小,进而决定了双电层电容的使用范围。尽管碳材料有很大的理论表面积,但如果不易被离子进入的话,此面积对获得高双电层电容的作用不大,碳材料电容的高低很大程度上取决于其片层间的分布及空间立体结构,因此越来越多的研究致力于开发具有离子可触及的高比表面积碳基复合材料。

多孔性、孔体积和孔径分布同样对电极电容的大小起到了很重要的作用。孔尺寸通常决定了进入电极内部的离子类型,为了使大部分电解液离子可以接触到碳材料内表面,优化孔性质这个变量是很有必要的。同时,孔尺寸和孔体积最佳标准的设定也依赖于电解液使用的种类,如:当表面孔径尺寸小于 1.5 nm 时,大多数离子液体是很难进入的,而且总的孔体积越小可使电极材料变得更加密集、总质量变得更轻。其他因素如碳材料的内部电阻、表面官能团的种类和数量、表面润湿性能、边缘效应和循环性能等,都直接影响着 SCs 的电化学性能。

1.3 超级电容器的设计

1.3.1 传统的超级电容器

SCs 电极材料电化学性能的基本测试一般是在传统的三电极体系下完成的,但若要使 SC 装置的性能测试更接近实际应用,通常要在两电极体系下进行。EDLC 主要由集流体、电极材料、隔膜及电解液 4 部分组成。不同于电池,SCs 的两个电极通常由相同的电极活性物质组成。传统 SCs 一般为纽扣型电池,具有螺旋式结构[14-16],所以,高比表面积和强导电性对于 SCs 电极材料十分重要。当前,各种碳基材料被用作传统 SCs 的电极材料[17],但是大多数商用 SCs 仍使用活性炭电极,因为其他碳材料如碳纳米管(CNT)和石墨烯不能低价大规模生产。由于传统 SCs 电极的机械性能和导电性通常不高,所以采用金属如泡沫镍作为集流体。在传统 SCs 中,酸性电解液损害金属外壳和集流体,所以经常使用有机电解液,商用 SCs 能量密度一般为 $3\sim6$ W·h/kg,功率密度为 $10\sim15$ kW/kg,循环稳定性大于 500 000 圈[18]。

1.3.2 柔性超级电容器

最近,由于社会对电力系统的迫切需求,柔性电子技术得到了迅猛发展,发展方向为研制超薄的、易弯曲的、可穿戴的甚至是可折叠的电子设备[19,20],作为一种重要的能量存储装置,柔性 SCs 吸引了大量的关注。电极材料、隔膜、电解液及包装的设计成了发展高性能柔性 SCs 面临的主要问题,柔性 SCs 中的电极材料、集流体、隔膜、电解质及外壳均呈现柔韧性,即使经包装好后仍具有弯曲度[图 1.2(a)]。一般来说,液态电解质和隔膜均易弯曲,但是,传统碳基电极的机械性能差,不具备高应变力;同时,金属集流体的使用限制了 SCs 的柔韧性,为了制备具有高柔韧性的 SCs,应提升电极材料的机械性能,改良和简化 SCs 装置。

易弯曲的电极材料是柔性 SCs 的核心要素,柔性 SCs 电极材料具有高比表面积、高导电性和极好的机械性能 3 个特征。独立的 CNT 和碳超细纤维膜通常含有多孔结构、高导电性、极强的抗张强度[21-23],在弯曲、旋转、折叠的过程中,良好的拉伸性和韧性使这些独立的薄膜保持其结构完整性和出色的导电性,减少了金属集流体的使用,所以这些独立的薄膜成为柔性 SCs 电极优秀的"候选者"。

不同于独立的薄膜电极,基底支撑型 CNT 薄膜是在不同的柔性基底上(如塑料、CF 纸和织布)组装 CNTs[24,25],由于 CNTs 自身的特性及 CNTs 与基底之间的范德华力作用,CNTs 能够牢固地附着在基底表面,使 CNTs 和基底之间接触良好。例如,在 CF 纸表面存在着大量的表面官能团,CFs 表面上的羟基与酸化后 CNTs 表面及末端的羧基形成氢键,而且 CNTs 和 CFs 之间有巨大的范德华力作用。此外,CNTs 机械韧性强,可以随着 CFs 形状的改变而改变,所以 CNTs/CF 复合纸可以任意卷曲、弯曲和扭曲,甚至可以折叠而不发生脱落[24,26]。对于基底支撑型 CNT 薄膜,CNT 的网络比表面积大,有助于电子转移,且基底的机械性能和 CNTs 的强附着力使基底支撑型 CNT 薄膜具有高柔韧性,所以基底支撑型 CNT 薄膜也被用作柔性 SCs 电极。液态、凝胶电解质都能用于 CNT 基柔性 SCs 装置,在有机电解液中,以 PET 上的单壁碳纳米管(SWCNT)薄膜为基础组成的柔性 SCs 装置[图 1.2(b)]根据 CNT 的负载量进行计算,其能量密度为 6 W·h/kg,功率密度为 70 kW/kg[图 1.2(c)][19]。由于 SWCNT 薄膜与 PET 之间巨大的范德华力,即使 SC 发生弯折,SWCNT 也不会从 PET 上脱落。通过引入导电聚合物和过渡金属氧化物,二者向薄膜电极提供赝电容,使 CNTs 和碳超微纤维薄膜的能量密度得到大幅提升[27,28]。在液态电解质中,基于自带"骨架/皮肤"结构的 SWCNTs/PANI 混合薄膜组成的柔性 SCs,只根据 CNT 和 PANI 的质量进行计算,其能量密度为 131 W·h/kg,功率密度为 62.5 kW/kg[27]。在凝胶电解质中,将两个稍微分开的 CNT-PANI 薄膜电极组成超薄全固态 SCs,输出 350 F/g 的高比电容,在扭转的情况下经 1 000 圈充放电后呈现出良好的循环稳定性[图 1.2(d)和(e)][28]。

除了 CNT 基薄膜外,科研人员也将很多努力投入到设计和构建多孔石墨烯薄膜和柔性 SC 电极领域中[29-32],然而,对于独立的纯石墨烯薄膜来说,多孔结构将降低其机械性能,所以,制备独立的石墨烯电极的关键环节之一是优化多孔结构而不降低其机械性能,这两个参数决定了柔性石墨烯电极的最终性能。例如,利用发酵法制备连续交联结构的 RGO 薄膜可直接作为柔性 SC 电极,获得 110 F/g 的比电容值[29]。液态电解质也被用于上述柔性 SC 中[图 1.2(f)],在弯曲的情况下,当 SC 两边距离由 3 cm 变成 2 cm 时,CV 曲线未发生明显变化[图 1.2(g)],说明了该 SC 的电化学稳定性良好。直接激光还原法能使致密的 GO 膜转变成 RGO 膜充当柔性 SC 电极[图 1.2(h)][33],而且,石墨烯及其衍生物能自组装成柔性多孔基底用于 SC 电极[34-38]。范德华力和氢键使石墨烯与基底之间具有突出的黏附力,与基底支撑型 CNT 薄膜相似,并将赝电容材料掺入多孔柔性石墨烯基电极中多数不会影响其柔韧性[39-44]。如将 PANI-RGO/CF 复合纸和 H_3PO_4/PVA 凝胶分别作为电极和电解质组装成柔性、可折叠的 SCs[39],在这种 SC 中,由于 H_3PO_4/PVA 凝胶既是电解质也是隔膜,所以不需要包装材料,其比电容约为 224 F/g,经 1 000 圈循环后仍保持最大电容量的 89%,当 SC 弯曲至原来长度的 10% 或折叠 180°时[图 1.2(i)和(j)],组成全固态 SCs 的比电容仅比原比电容衰减 3.4% 和 5%。

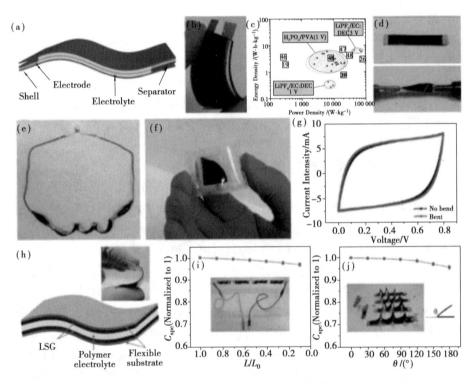

图 1.2 (a)层叠结构柔性 SC 的示意图;(b)将 SWCNT 薄膜喷涂在 PET 上作为电极、PVA/H_3PO_4 作为电解质和隔膜组成的薄膜 SCs;(c)基于 SWCNT 薄膜的 SC 能量密度与功率密度图[19];(d)在正常和弯曲状态下由 CNTs/PANI 片组成的全固态 SCs 图;(e)3 个弯曲的装置经串联后点亮一个红色发光二极管(LED)的照片;(f)基于 RGO 泡沫的柔性 SC 的照片;(g)基于 RGO 泡沫的 SC 在弯曲前(l=3 cm)和弯曲时(l=2 cm)的 CV 曲线图[29];(h)激光刻录的 RGO 基柔性 SCs 示意图[33];在弯曲(i)和折叠(j)状态下以 PANI-RGO/CF 纸组成全固态 SCs 的不同比电容图,内插图为在扭曲和折叠状态下由 4 个全固态集成 SCs 点亮一个 LED 灯的照片[39]

液态和固态电解质可分别用于柔性SC,但它们适用于不同的SC装置。液态电解质经常使用层叠结构,如图1.2(a)所示。在层叠结构中,隔膜被两个柔性电极夹在中间并密封在液态电解质中,密封材料通常为薄的高分子材料,科研人员为构建柔性液态电解质基装置付出了大量努力[27,34,45-49],然而,这种柔性液态电解质基装置在弯曲的过程中可能发生有害电解质的泄漏,所以需要有高安全性的包装和技术。由于液态电解质基装置不是一个集成装置,所以在不同弯曲状态下将发生错位现象,降低SC的电化学性能和循环稳定性。除了液态电解质之外,柔性聚合物固态电解质也经常被用于柔性SCs中,因为其具有高柔韧性、理想的电化学性能及突出的机械完整性[50]。在大部分情况下,聚合物固态电解质充当隔膜和电解质,不需要包装材料,与液态电解质基SCs相比,固态SC则是一个简化装置且具有更高的柔韧性[28,42,51-55]。部分固态SC甚至可以折叠[39],所以电解质成了装置的关键组件,直接影响SCs的倍率性能及循环稳定性,液态电解质基SCs的倍率性能通常高于固态SCs,因为液态电解质比固态电解质具有更高的离子导电性。

1.3.3 微型超级电容器

近期对SCs的研究主要集中在便携式/可穿戴电子产品上,这推动了小型储能设备的发展。作为一种新开发的微型电化学储能装置,微型SCs比传统电池和SCs输出的功率密度更大,因为其对离子和电子具有快速响应性[56]。

通过干纺和湿纺法制备连续的碳纳米管线促进了纤维形状的微型SCs的发展,Meng等人[57]以单壁碳纳米管和活性炭为电极制备出了高性能的线性微型SC。该SC结合了单壁碳纳米管和活性炭的线性微型SC,具有更大的有效面积,利于离子传输和能量储存,当扫速为2 mV/s时,体积比电容可达48.5 F/cm^3、质量比电容为74.6 F/g,当功率密度为45.7 mW/cm^{3}时,能量密度为3.7 mW·h/cm^3,该装置也呈现出高稳定性,经过10 000圈充放电循环后电容保持率仍为98.5%。将4根高比电容、高能量密度、高循环稳定性的微型SCs以并联和串联的形式连接在一起,扩大了线性微型SCs的电流和电压范围[图1.3(a)—(d)]。不同于在单芯片上的平面微型SCs,柔性纤维形状的SCs具有无可匹敌的优势,它可以直接用作柔性、可穿戴、嵌入式设备单元[58]。Sun等人[59]合成了石墨烯/CNT复合纤维,并将其构建成比电容高达31.50 F/g(4.97 mF/cm^{2}或27.1 μF/cm)的线状微型SC,在相同测试条件下远高于纯CNT纤维SC(5.83 F/g,0.90 cm^{-2}或5.1 μF/cm)。另外,石墨烯/CNT复合纤维是可弯曲的、强韧的,可以很容易地编织到一片棉布中,两根复合纤维作为导线连接一个蓝色发光二极管(LED)灯,外加一个直流电源并将其点亮[图1.3(e)和(f)],在弯曲状态下,经5 000圈循环后LED灯光照稳定,未发生任何光照减弱现象。

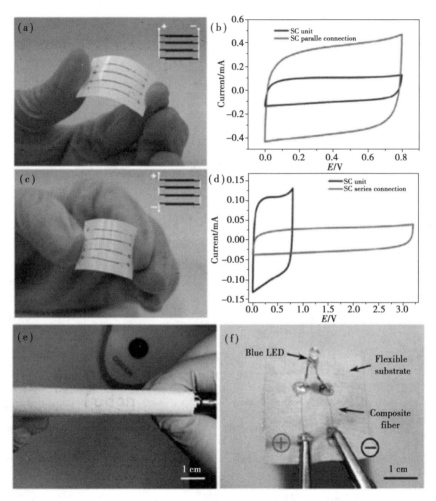

图1.3 (a)—(d)线状微型SCs经串并联后的电化学性能图:(a)4个单元并联(内插图为SCs的并联图),(b)单独一个单元和并联装置的CV曲线图,(c)4个单元串联(内插图为SCs的串联图),(d)单独一个单元和串联装置的CV曲线图[57];(e)石墨烯/CNT复合纤维被编织进柔性棉布中(织"Fudan"),内插图将"F"放大;(f)一盏蓝色二极管灯的照片,该灯与一个直流电路相连,两根约1.5 cm长的石墨烯/CNT复合纤维为导线,电压设为3 V[59]

9

如图 1.4 所示,与其他 SCs 相比,微型 SCs 具有相对较高的功率密度,由于其结构微小,微型 SCs 的能量密度较差[60]。通过开发复杂的、优化的结构来扩大累加密度或表面积从而提高 SC 性能,还可以通过控制其组成,如以分等级纳米材料为电极、离子液体或有机聚合物为电解质,或通过优化电极模式,使之成为交错的二维微尺度或半三维器件,从而提高微型 SCs 的性能。另一种具有发展前景的方法是直接将微型 SCs 和微型电池连接在一起或将二者一体化,从而获得高能量密度和功率密度,此外,集成绿色材料也备受瞩目,如生物材料和新型功能材料,制备绿色微型 SCs 并进一步扩大其应用领域。因此,作为一种新兴的小型电化学储能装置,微型 SCs 比传统电池的功率密度高几个数量级,并且循环寿命长、容量大、环保效果好。

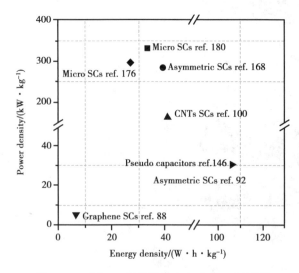

图 1.4　不同 SCs 的能量密度和功率密度图[60]

1.4　超级电容器的应用

随着能源需求的不断增加,人们面临着电力日益短缺和售价日益高涨的威胁,为此,科研工作者越来越注重先进储能装置和管理设备的研究。超级电容器以其突出的优势——超大的功率密度、快速充放电能力和长循环寿命引起了广泛关注[5,61],被广泛应用在混合动力电动汽车和个人电子产品等方面。与蓄电池相比,虽然 SCs 具有更高的功率密度,但是其能量密度仍然处于滞后状态,经过不断改进,SCs 的能量密度可望赶超蓄电池。

1. 稳定的储能设备

对于固定型应用,SCs 通常用于提供功率的稳定装置,解决功率激增或短期功率损失的问题。它可以在高功率下存储和释放能量从而动态匹配可再生能源的间歇性发电,如太阳能/风能发电厂。固定型 SCs 最大的优点是它可以设于控制室内,使其免遭污垢、湿度、振动和剧烈冲击的影响。另外,电路保护和温度可控设备的安装启用,使得固定型 SCs 可在最佳优化状态下工作。

2. 汽车和运输方面的应用

混合动力汽车(HEVs)和电动汽车(EVs)由于其节能减排的特性吸引了众多关注。汽车上的高功率容量超级电容器不仅能在减速期间从再生制动中储存能量,而且还可以在加速峰值期间提供即时功率,用以补偿车载电池系统的低功率。除了具备高能量密度、低价和长循环寿命等必备条件外,应用在汽车上的 SCs 更应考虑高功率、宽工作温度范围及安全性等问题。此外,SCs 也被应用在地铁、火车、电车系统等领域。

3. 便携式电子设备

与定置型设备和汽车应用相比,便携式电子设备(包括微电子机械系统和无线传感器)网络的运行仅需要微尺度能量供应。所以,当 SCs 作为能量来源用于这些小型和微型设备时应具备以下独特的要求:体积小、质量轻、灵活度高、拉伸性强及与新兴表皮电子设备的高生物相容性[62]。以上标准更具挑战性,幸运的是最近陆续报道了一些有前景的方法来解决这些问题。

(1)质量轻和灵活性的超级电容器。

制备应用于便携式电子产品的轻质 SCs 时,电极/电解液须无毒无害,并且此装置应具有高质量/体积的能量密度和功率密度。碳纳米管(CNT)或石墨烯(graphene,GN)电极由于其高灵活性和高导电性而被广泛研究。以 CNT 作为 SCs 的电极材料实用价值高[63]——不仅是因为其超轻且柔韧性强,更是由于 CNT 的价格低廉且制备方法简易。Pushparaj 等人将 CNTs 均匀分散入纳米多孔纤维素纸制备柔性电极材料[64],在氢氧化钾电解质和非水溶液电解质中分别呈现的比电容为 36 F/g 和 22 F/g。为了提高能量密度,CNT/过渡金属氧化物复合纸作为柔性电极材料也正在被研究。Chou 等人[65]将 MnO_2

纳米线电沉积在 CNT 纸上,在 0.1 mol/L Na_2SO_4 电解液中,当电流密度为 770 mA/g 时其比电容为 167.5 F/g。

(2)用于便携式电子设备的可伸缩超级电容器。

与灵活的便携式电子设备相比,可伸缩的电子装置[66]需要可拉伸的便携式电源。将活性物质薄膜覆盖在预变形的弹性基底上,然后释放弹性基底来获得可逆的延展性,从而构建出周期性的弯曲结构,是一种制备可伸缩 SCs 电极材料的方法。Yu 等人[67]首次以弯曲的单壁碳纳米管(SWNT)作为电极材料组装成可伸缩的 SCs,实验结果表明可伸缩的 SWNT 薄膜结构机械强度提高了 40%,但其电化学性能与不可伸缩的 SWNT 薄膜结构相比却未发生衰减,比电容仍可保持在 50 F/g。基于一种简单的"浸渍、干燥"方法,Hu 等人[68]将 SWNT 溶液包覆到纺织物品上组成可伸缩 SCs 电极材料,这种 SWNT/纺织物复合材料的质量比电容很高(0.48 F/g),具有良好的商业应用价值。

(3)用于个人电子产品的透明超级电容器。

对于下一代储能装置来说,需要嵌入小型柔性显示屏,如应用在智能手机或平板电脑里的多点触控显示屏。除了对灵活/可伸缩 SCs 的机械强度严格控制外,对透明度的要求也越来越苛刻。经过实验分析,graphene 和 CNT 复合物表现出了透明特性,经过加工之后,复合物会变得极薄,这是其他纳米碳材料很难达到的。Chen 等人也合成了一种透明柔性的 In_2O_3 纳米线/CNT 异质薄膜电极[69],此 SCs 的功率密度为 7.48 kW/kg,经过长时间循环后,电容保持率仍为 88%。若想达到电极的透明化,最主要的是要生产出高比表面积的超薄电极材料,然而,电极厚度的降低将导致导电性的衰退。近期,King 等人[70]专门研究了不同厚度的透明电极所产生的渗流效应对超级电容器性能的影响,结果表明当透明度大于 90% 时,电容/能量将大幅衰减。此项研究对平衡透明度和电容性能之间的关系起到了重要作用。

1.5 超级电容器的电极材料

当前多数商用 SCs 都是由碳材料构成的,具有价格低廉和抗腐蚀能力强等优点。碳基 SCs 产生双电层电容,由于在充放电过程中未发生任何化学反应,所以具有优异的循环稳定性和很长的工作寿命。然而,它们的最大电容受活性电极表面积和孔径分布的限制(对碳材料来说一般为 $0.15 \sim 0.4$ F/m^2

或约150 F/g)[71]。商用碳基双电层电容器的能量密度一般为3~5 W·h/kg,远小于电化学电池[铅酸电池为30~40 W·h/kg,锂离子电池为10~250 W·h/kg],如此低的能量密度不能满足车辆、风力发电厂及太阳能发电站能量储存装置的需求。

在大多数碳基材料中,尽管多孔碳基材料拥有高比表面积,但多孔碳的低导电性限制了其在高功率密度超级电容器中的应用[72]。尽管CNTs拥有高导电率和大比表面积,但CNT基超级电容器也有明显不足[73],如电极与集流体之间的接触电阻较大,从催化剂和无定形碳带来的内在杂质以及高昂的生产成本都阻碍了CNTs在SCs中的实际应用。因此,设计研究具有高性能的新型碳基超级电容器电极材料成了近期的研究热点,石墨烯的出现为双电层电容材料提供了一个很好的选择。与传统的多孔碳材料相比,石墨烯拥有高导电性、大比表面积和丰富的层间结构,所以石墨烯材料非常适合应用于电化学双电层电容器[74]。

与EDLCs相比,赝电容器通过法拉第反应过程储存电荷,即在电解液与电极表面上电活性物质间发生快速、可逆的氧还原反应[75]。其主要的电活性材料包括以下3种:(a)过渡金属氧化物或氢氧化物[76],如RuO_2、MnO_2、$Ni(OH)_2$;(b)导电聚合物[77-79],如聚苯胺、聚吡咯、聚噻吩;(c)表面有含氧官能团和含氮官能团的材料[75]。与EDLCs相比,赝电容器具有更高的比电容,但这些赝电容器电活性材料的进一步应用仍然受限于其较低的功率密度和较差的循环稳定性,这主要是赝电容材料的低导电性降低了电子传递效率以及在氧化还原过程中材料结构遭到破坏造成的。与锂电池中离子深深插入材料晶格中不同,赝电容来自弱的表面吸附离子,表面官能团、缺陷、晶界都可以作为优良的氧化还原中心用于电荷储存反应。过渡金属氧化物电极的比电容值比碳电极高出一个数量级,有报道指出,在低扫速或低电流密度下,金属氧化物电极能够提供大比电容和高能量密度。如:电沉积NiO薄膜电极在1 mol/L KOH电解液中,当扫速为1 mV/s时其比电容为1 776 F/g,但是当扫速增加到100 mV/s时,其比电容仅为原来的23%。所以金属氧化物由于以下缺点不能单独作为SCs电极用于实际生产:

①除了RuO_2以外,大多数金属氧化物的导电性都非常低。金属氧化物的高电阻率增加了电极的片层电阻和电荷转移电阻,特别是在大电流密度下引起了较大电压降,所以其功率密度和充放电能力较差,限制了其在实际生产中的大规模应用。

②纯金属氧化物在充放电过程中逐步增加的张力会引起电极的断裂,导

致较差的循环稳定性。

③表面积、孔径分布和孔隙率在金属(氢)氧化物中很难调整。

为了解决这些问题,发展碳材料和金属(氢)氧化物材料的复合电极是合理的,二者可以取长补短,从而提高电化学性能。在这样的碳纳米结构/金属(氢)氧化物复合电极中,碳纳米结构不仅作为金属氧化物的支撑材料,而且为电荷传输提供了通道。在大电流充放电下,碳纳米结构的高电子导电率有助于提高复合物的快速充放电能力和功率密度,金属(氢)氧化物则作为储存电荷和能量的主要来源。金属(氢)氧化物的高电活性有助于碳纳米结构/金属(氢)氧化物的比电容和能量密度的提升,并且复合电极中二者产生协同效应降低了材料成本。碳/金属(氢)氧化物复合材料的组成成分、微观形貌和物理性质决定了 SCs 电极的性能,开发研究碳/金属(氢)氧化物复合电极是为了同时拥有高功率密度、高能量密度、优良的循环能力和快速充放电能力。碳材料作为一种组分在不同维度上与金属(氢)氧化物结合形成的多维复合物是一类优异的超级电容器电极材料,其中石墨烯与 $Ni(OH)_2$ 的复合物为近来的研究热点。

1.5.1 石墨烯及石墨烯基复合电极材料

1. 石墨烯简介

石墨烯,作为一种单原子层二维碳材料,具有通过 sp^2 杂化连接的纳米片状平面结构,被视为构筑其他维度碳材料的基本单元[80,81]。由于其独特的结构,石墨烯具备了一系列突出的内在化学和物理特性,如机械性能强(约 1 TPa)[82]、具有优异的导电性和导热率[83]、大比表面积(2 675 m^2/g)等[84]。如此卓越的性能等同甚至超越了单壁和多壁碳纳米管,因此,石墨烯被广泛应用于高性能纳米复合物[85]、透明导电薄膜[86]、传感器[87]、驱动器[88]、纳电子学[89]和储能设备[90,91]。值得注意的是,由于石墨烯具有高机械强度、高导电性、大比表面积的特性,所以它作为 SCs 新型电极材料在清洁能源装置领域研究中吸引了众多科研工作者的目光。

2. 制备石墨烯电极材料的方法

如今,多种快捷、有效的制备石墨烯的方法被研制出来,包括:①在 SiC 和匹配的金属表面外延生长和化学气相沉积(CVD)生长石墨烯[92];②微机械法剥离石墨[用原子力显微镜(AFM)悬臂或粘胶带的方式剥离][93];③在有机溶剂中剥离石墨[94];④在等离子微波反应器中免基底气相合成石墨烯片[95];⑤电弧法合成多层石墨烯[96];⑥通过 Brodie 法[97]、Staudenmaier 法[98]、Hummers 法[99]以及这些化学剥离法的衍生法还原氧化石墨(GO)。尽管不同的合成方法在持续增多,但是最重要的制备石墨烯的方法仍然是化学剥离石墨生成氧化石墨,然后可控还原 GO 至 graphene。这主要是由以下原因造成的[100]:①通过化学法剥离制备氧化石墨,该方法简单、产量大、价格低廉,这是石墨烯基 SCs 用于实际生产的首要条件;②GO 表面的含氧官能团使其在溶液状态下易被化学改性和加工;③通过不同的方法还原 GO 至 graphene,恢复了石墨烯内在的比表面积和导电性,构建了石墨烯纳米结构的理想通道尺寸,有助于其在 SCs 领域的应用。所以我们将探索新方法还原 GO 至 graphene,并设计具有高比表面积和高导电性的石墨烯基材料。

3. 石墨烯/纳米多孔碳复合材料

在最近的研究中,纳米多孔碳/石墨烯复合材料被用于研究多孔性对 SCs 性能的影响。多孔碳材料通常来源于碳化物,其独特的空间结构取决于不同的孔隙率。通过不同的合成方法制备出具有微孔、介孔结构的物质,同时严格控制其孔体积大小和孔尺寸分布。

Bandosz 等人研究了多孔性对多孔碳/石墨烯复合物电化学性能的影响[101]。在这项研究中,5% 纳米多孔碳是由聚丙烯酸钠(PAAS)制得并与 20% 石墨烯复合而成。该实验在 1 mol/L H_2SO_4 的两电池电极体系和 0.5 mol/L Na_2SO_4 的三电池电极体系下都可进行,实验测试结果表明孔体积小于 0.7 nm 对双电层电容有极大的促进作用,与孔体积为 1 nm 和 2 nm 时相比,它能产生最高的质量比电容。另外,研究发现 Na_2SO_4 在相应的孔体积内表现出更高的电容,这归因于该复合材料在 Na_2SO_4 中具有更高的赝电容效应。在有大量孔隙存在条件下因官能团存在的可能性增多,使得赝电容对总电容有着更显著的影响。该作者定义了"活性孔隙空间利用率",揭示了小于 0.7 nm 孔体积与电容的比值。随着复合物中石墨烯含量的增加,活性孔隙空间利用率也不断增加,并直接引起复合物导电性的提升。这项研究体现了孔体积与石墨烯含量对设计 SCs 电极的重要性,孔体积需要优化至小于 0.7 nm,引入石墨烯可以提高复合物的导电性从而获得最好的电容性能。虽然二者对提高电容性能都很重要,但相比较而言,孔体积仍然被视为影响电容的关键因素。

最近,Le 等人又研究了其他石墨烯/多孔碳材料,如:CNT 和碳纤维(CFs)[102]。开发新型复合物的目的通常是通过增加有效表面积或石墨烯表面的含氧官能团来提高 SCs 的电容。增加有效比表面积的一种方法是阻止石墨烯片发生团聚,因为团聚会阻止离子进入石墨烯片层内部,即阻止了电极/溶液界面双电层的形成,从而导致其比电容的下降。

近期研究表明,以 CNT 作为间隔物能够阻止石墨片的团聚[103]。在干燥的过程中,由于范德华力作用,石墨烯片趋于团聚,所以离子很难进入石墨烯片层中,尤其是在高扫速的情况下。CNTs 以其超强的导电性、大比表面积、高机械强度,同时可降低电极的内部电阻等优势成为理想的间隔物,另外,CNTs 还可以作为黏结剂将石墨烯薄片绑定在一起,彼此交错相连达到增加导电性的目的。结果表明,graphene/CNT 电极的比电容比单纯 CNT 或石墨烯电极的比电容高,其在 KCl 和 TEABF$_4$ 电解液中的比电容值分别为 290.4 F/g 和 201.0 F/g,该高比电容归因于其大的比表面积(421.3 m^2/g)。Hsu 等人通过在石墨烯状碳纤维纸表面生长 CNT 解决了界面阻力、表面积、孔体积和边缘效应等多重问题[104]。碳纤维和 CNT 良好的导电性和稳定的结构起到了降低电阻、增加表面积和孔体积的作用,同时还表现出大量的边缘效应,因此大幅增加了复合物的比电容。

4. 改性石墨烯材料

在最近的研究中,石墨烯经常被改性应用于 SCs。改性石墨烯包括多层石墨烯、波浪状石墨烯、掺氮石墨烯和超薄石墨烯片,这些改性主要通过降低石墨烯的团聚增加有效表面积来提高电极电容[105]。

通过 Hummers 法制备的 GO 有明显的不足,如其含有大量的缺陷,这些缺陷不可逆并且降低了电极的导电性。Li 等人针对上述问题将研究扩展到合成单层/多层石墨烯(FLG)上[106],结果发现多层石墨烯团聚的可能性较低。在此研究中,通过嵌入石墨和还原氧化石墨制得 FLG。该 FLG 在 1 mol/L Na$_2$SO$_4$ 溶液中的比电容为 180 F/g,比表面积高达 1 400 m^2/g。因此,研制合成大量没有缺陷存在的单层/多层石墨烯的新方法将被视为一个重要的研究方向。

Yan 等人探讨了波纹石墨烯如何起皱,并通过其不平坦的表面来阻止石墨烯片的团聚[107],这些通过热膨胀和瞬时氮气冷却法制备的石墨烯片层拥有 518 m^2/g 的大比表面积,这主要归因于大量的褶皱表面阻止了团聚,如此有趣的形态学特性是由合成过程中的热应力引起的。随着有效面积的增加,在 6 mol/L KOH 电解液中石墨烯片获得的比电容为 349 F/g,此方法简单易行、高效、可广泛推广,见图 1.5。

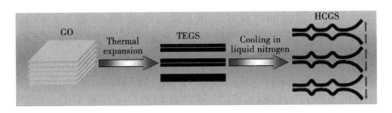

图 1.5　高波纹石墨烯片样品的形成机理图[107]

三维(3D)石墨烯结构如石墨烯凝胶或 N 掺杂石墨烯水凝胶(NGH)成了近期的研究焦点,结果发现 N 原子的引入可以积极改善石墨烯电极的性能。有报道使用水热法合成 N 掺杂石墨烯水凝胶用于超级电容器,之所以选择水热法,是由于其相对温和的反应条件以及可以按比例扩大反应过程的可控性。Chen 等人研制出了一种新型 NGH,胺类有机物如乙二胺不仅在掺杂过程中可以作为 N 源,而且还能改变石墨烯的三维结构,从而提高其电化学性能。结果表明,尽管在高充放电电流为 185 A/g 时,NGH 的比电容仍高达 113.8 F/g,功率密度高达 205 kW/kg,如此优异的电化学特性使其被广泛应用于在高速率下需要大功率的装置[108]。

由于消费者对柔韧和清晰电子产品需求的增加,超薄的透明石墨烯膜被用于现代电子装置中[109]。通过真空过滤法制备宽为 25 nm 的电极,在 2 mol/L KCl 的电解液中的比电容为 135F/g[110]。这种高质量的透明石墨烯薄膜作为电极材料被广泛应用于手机、便携式计算机和 mp3 中,该电极材料的其他优点包括:①尽管石墨烯薄膜厚度仅为 25 nm 但仍显示出优异的机械稳定性;②石墨烯薄膜出色的透明性使其可以大量应用于透明电子装置中;③石墨烯优良的载流量可以省略电荷收集器/电极间界面,使电极变得更加简洁;④石墨烯在许多溶剂中具有的良好可溶性表明其可以被印刷在不同的媒介上,也可用于打印的电子产品上(图 1.6)。

5. 石墨烯/导电聚合物复合材料

为了获得更优异的超级电容器电极材料,石墨烯/导电聚合物复合材料引起了广泛关注。导电聚合物本身具有高比电容,是由于其 π 电子共轭体系的存在可以引发快速、可逆的氧化还原反应。然而,单个聚合物作为电极材料不像石墨烯那样机械强度高,并且聚合物在膨胀和收缩过程中的退化导致了其持久性较差。因此,将石墨烯和导电聚合物复合充分发挥石墨烯优异的双电层电容特性以及聚合物的赝电容反应特性是非常有发展前景的。石墨烯/导电聚合物复合材料的电化学性能取决于多个因素,这与改性石墨烯电容大小主要取决于有效表面积不同[111],石墨烯与导电聚合物之间的相互作用对电容的提升起到了积极作用。导电聚合物如聚吡咯(PPy)、聚苯胺(PANI)、聚噻吩(PT)、聚对苯撑乙炔(PPV)等由于其制作简便、电容高被广泛应用于SCs,其中PANI以其优异的电化学活性和热稳定性被视为研究重点[112]。

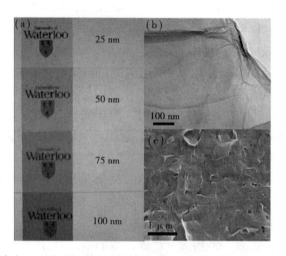

图1.6 (a)载玻片上不同厚度的透明薄膜图;(b)过滤前收集分散好的石墨烯TEM图;
(c)载玻片上100 nm厚的石墨烯SEM图[109]

Liu等人通过将PANI原位聚合到石墨烯表面的含氧官能团上用以制备羧基功能化氧化石墨烯(CFGO)/PANI复合物。该反应是在含氧官能团上通过化学反应转化成羧酸基团后进行的,这样可以使底面的含氧官能团得到充分的利用而结合更多的PANI,相较于之前仅能利用底面边缘的羧酸基团合成PANI复合物的研究,其电化学性能产生了大幅度提高[113]。该CFGO/PANI复合材料在电流密度为0.3 A/g时,表现出超强的比电容(525 F/g),而以前合成的石墨烯/导电聚合物仅为323 F/g。Graphene/PANI复合物的优势在于石墨烯能够提高PANI的电化学导电性,而PANI可以阻止石墨烯的团聚增加电极的表面积,通过二者的协同效应提高复合物的电化学性能。

除了PANI用于合成石墨烯/导电聚合物复合材料外,科研工作者还研究了其他的导电聚合物用于制备 SCs,如石墨烯/PPy 复合物。尽管对石墨烯/PPy 复合物作为电极材料的研究很多,但多数使用的是 PPy 纤维,而 Biswas 和 Bose 等人则选择 PPy 纳米管作为复合物原料[114,115]。与以前石墨烯/PPy 纤维复合物相比,此石墨烯/PPy 纳米管复合物产生了更高的比电容(324 F/g),这归因于纳米管高表面积和大孔体积使得电极与电解液能够更充分地接触,促进了电解液离子的传输。

除了研究导电聚合物的种类外,研究石墨烯/导电聚合物复合材料的结构对电极性能的影响同样重要。Zhang 等人发现 GO 片与导电聚合物之间的层状结构有助于电化学性能的提高[116]。该研究利用带正电的表面活性剂和带负电的 GO 片之间的静电引力作用彼此吸引,这些表面活性剂首先进入石墨烯片的片层中,形成片层的 GO-表面活性剂胶束结构;然后聚合物单体进入并溶解在胶束的疏水中心,通过引发剂诱导发生聚合反应,清洗去除表面活性剂分子最终得到 GO/导电聚合物复合材料。一系列研究表明,具有此结构的 GO/导电聚合物与商用复合材料相比具有更高的电容性能,通过此法合成的 GO/PPy 复合物在 2 mol/L H_2SO_4 溶液中电流密度为 0.3 A/g 时的比电容为 510 F/g,大于上述提到的 graphene/PPy 纳米管的比电容(400 F/g)[117]。合成这种具有新型结构的 graphene/导电聚合物的优势如下:①溶液中剥离的 GO 片具有大量的表面积可用于聚合物在其双侧表面上进行负载。②复合物的 3D 层状结构可以增加电极的机械强度,也是增加聚合物稳定性的重要因素。③这种新型结构减少了电解液的扩散电阻。④聚合物的存在带来了法拉第反应,从而产生赝电容。

6. 石墨烯/金属(氢)氧化物复合材料

近年来,石墨烯/金属(氢)氧化物复合材料作为 SCs 的电极材料被科研工作者们着重研究。与石墨烯/导电聚合物相似,这些石墨烯/金属(氢)氧化物既可以通过石墨烯获得双电层电容,又可以通过金属(氢)氧化物获得赝电容。与单纯的石墨烯和金属(氢)氧化物相比,此复合电极的电化学性能有了显著的提高。由于单纯石墨烯电极的双电层电容为 135 F/g[118],所以石墨烯/金属(氢)氧化物复合材料可以很容易地获得 135 F/g 的比电容,并且大幅提高了单独金属(氢)氧化物的导电性和电容稳定性,消除了纳米结构的团聚和副反应造成的消极影响[119]。金属(氢)氧化物的多态性、形态、颗粒尺寸和体积密度都将影响其电化学性能,因此,研究各种金属(氢)氧化物与各种石墨烯的复合机理及复合物形貌对提高复合材料的电化学性能所起的作用是非常有必要的。

在 SCs 的应用领域中,RuO_2 由于其超高的比电容和优异的循环性能已经成为现今研究最广泛的金属氧化物电极材料。近期,Jaidev 等人通过水热法将无定形的水合 RuO_2 纳米粒子与在 H_2 下剥离的石墨烯片复合形成 RuO_2/graphene 复合物,并测试了其电化学性能[120]。水热合成法使 RuO_2 粒子均匀地分散在石墨烯片上,该复合物在 1 mol/L H_2SO_4 溶液中电流密度为 1 A/g 时的比电容为 154 F/g,能量密度为 11 W·h/kg。

然而,RuO_2 不仅价格昂贵而且具有一定的毒性,因此,近期研究主要转向了更廉价的替代金属(氢)氧化物,如 NiO、Ni$(OH)_2$、Co_3O_4、Co$(OH)_2$、Mn_3O_4 及 MnO_2 等。Mn_3O_4 是优于 Ni 和 Co 的复合物,但仅局限于碱性电解液,其电势窗口较小(0.4~0.5 V)。由于能量密度与电池电压成正比,所以具有小电势窗口的电解液将会限制其能量密度和比电容[121]。但 Mn_3O_4 越来越受欢迎是因为其价格便宜、环境相容性好和电容性高[122]。Lee 等人以乙二醇作为还原剂,通过水热法在石墨烯表面合成 Mn_3O_4 纳米棒。在该复合物中,Mn_3O_4 纳米粒子在石墨烯表面均匀分散,比电容为 127 F/g,循环 10 000 次以后电容保持率为 100%,该比电容是纯 Mn_3O_4 电极的 3~4 倍[121]。由于纯 Mn_3O_4 电极的导电性较差,上述合成方法使纳米棒均匀地分散在石墨烯表面阻止了其大量团聚,增加了电解液与复合物电极材料的接触面积,从而使 Mn_3O_4/石墨烯复合物获得了优异的电化学性能。Graphene/NiO 复合薄膜近期通过电泳沉积(EPD)法和化学浴沉积(CBD)被合成出来,在放电电流为 2 A/g 时,赝电容可达 400 F/g。赝电容性能的提高归因于石墨烯的引入大大增加了 Ni(Ⅱ)转化成 Ni(Ⅲ)的氧化速率,增加了电化学活性,加速了赝电容反应[123]。

另外,Wang 等人[124]采用温和的化学方法在水/异丙醇体系中制备 graphene/Co$(OH)_2$ 纳米复合物。他们利用 Na_2S 作为前驱体沉积 Co^{2+},同时对 GO 进行脱氧。Graphene/Co$(OH)_2$ 纳米复合物在电流密度为 500 mA/g 时的比电容高达 972.5 F/g,与各单独组分相比,其比电容有显著提高[单独的 graphene 和 Co$(OH)_2$ 的比电容分别为 137.6 F/g 和 726.1 F/g]。脱氧石墨烯片与 Co$(OH)_2$ 纳米晶复合可以有效地阻止其团聚,提高 Co$(OH)_2$ 的利用率,从而大幅提高复合物的电化学性能。

Co_3O_4 由于其相对低廉的价格、高氧化还原活性、高理论比电容(约 3 560 F/g)和良好的可逆性,被认为是非常有前途的 SCs 电极材料[125]。Fan 等人[126]提出了微波辅助合成 graphene/Co_3O_4 复合电极材料,该复合物在 6 mol/L 的 KOH 水溶液中的比电容高达 243.2 F/g,明显高于纯石墨烯(169.3

F/g)。比电容有如此大的提高主要归因于复合物独特的结构:首先,在石墨烯表面均匀负载的 Co_3O_4 颗粒不仅能有效阻止石墨烯片的团聚,从而产生高的双电层电容,而且能使 Co_3O_4 更易发生必要的电化学反应;其次,在充放电过程中石墨烯片为电子传输提供了高导电网络;最后,Co_3O_4 和石墨烯片之间增加的接触面积可以显著提高复合物与电解液离子的接触机会,缩短离子扩散和迁移路径。

近期,复合金属氧化物纳米结构代替常规单一金属氧化物纳米结构形成 graphene/金属氧化物复合物的研究陆续开展。这种独特的复合结构是将 Co_3O_4 纳米线包覆在 MnO_2 纳米结构上[119]。尽管只是将少量的 MnO_2 加入到 Co_3O_4 中,但这两种金属氧化物之间的协同作用,使得复合物的比电容大幅提高。然后通过电泳沉积和化学还原将 RGO 添加到 MnO_2/Co_3O_4 复合物顶部,这样不仅增加了双电层电容特性而且提升了电解液的有效接触面积。这种独特的 graphene/金属氧化物复合物开启了不同组分间协同作用的新模式,可以推广到其他种类的金属氧化物复合物的制备中。

最后,一种 3D 导电层法的应用显著提高了 graphene/金属氧化物复合物的比电容(图1.7)。对 graphene/MnO_2 电极以及其他 graphene/金属氧化物复合物电极主要的要求是负载量大(便于在高能量密度装置中应用),但大量负载金属氧化物会导致赝电容的有效表面积降低,电极电阻增加。Yu 等人[127]开发的 3D 导电层包覆弥补了此项缺陷,所制备的 graphene/MnO_2 复合物中由于导电层的存在,比电容提高了 45%,可达 380 F/g。另外,此复合物表现出了优异的循环稳定性,经过 3 000 圈充放电循环后比电容仍保持初始的 95%。CNT 或导电聚合物都可用作导电层,目的是创造一个可以产生赝电容的外加层,同时提供另一个电子传输路径。

7. 用于组装非对称超级电容器的石墨烯基材料

在前面的部分,非对称 SCs 通常用于检测石墨烯基电极材料比电容的高低。然而,非对称 SCs 有两个不同的电极,与使用相同电极不同,其在保持功率密度的同时,能够获得更高的能量密度,因而引起了很高的关注[128]。使用不同类型的材料作为电极在相同的电解液内可获得更大的电势窗口范围,这将扩大电解液电池电压从而增加能量密度。显然,基于离子或有机电解液的 SCs 具有更高的电势窗口,能量密度可达到 80 W·h/kg 左右。然而,离子液体价格昂贵,有机电解液有其自身的缺点,如导电性差、不适合所有的实际应用设备等[129]。

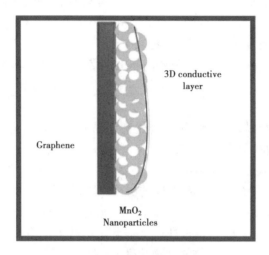

图 1.7　3D 导电层法的原理图[11]

目前,广泛用于非对称电容器的是活性炭。活性炭具有超大的表面积和相对低廉的价格,然而,使用活性炭的缺点是小的多孔表面(0.5 nm)阻止了粒径大小主要为 0.6~0.7 nm 的水合离子进入[130]。相反,石墨烯以其弹性孔结构、强大的导电性、高机械强度、高稳定性和大比表面积使水合离子能够在其表面以高速率运输从而促进优异的双电层电容在含水电解液中生成,成为替代活性炭的更优良的电极材料。

Zhang 等人[129]研究发现,与对称 SCs 相比,非对称 SCs 能够产生更高的能量密度。此非对称 SCs 是以还原氧化石墨(RGO)和氧化钌(RuO_2)为正极,以 RGO/PANI 电极为负极组装而成。非对称 SCs 获得的能量密度[26.3(W·h)/kg]比对称 RGO/RuO_2 电容器[12.4(W·h)/kg]和对称 RGO/PANI 电容器[13.9(W·h)/kg]均高出 2 倍左右。另外,非对称电容器表现出了良好的循环稳定性,循环 1 000 圈后电容保持率为 80%,循环 2 000 圈后保持率为 70%。当其能量密度为 6.8(W·h)/kg 时,可获得出色的功率密度 49.8 kW/kg(图 1.8)。

1.5.2　$Ni(OH)_2$ 及其复合物电极材料

至今,应用于 SCs 的各种赝电容电极材料如过渡金属氧化物、金属氢氧化物以及导电聚合物被广泛研究[131,11]。其中,$Ni(OH)_2$ 以其超高的理论比电

第1章 绪 论

容(2 082 F/g)、良好的氧化还原活性、低廉的价格被认为是最有发展前景的材料之一[132-137]。众所周知,Ni(OH)$_2$ 含有两种晶型:α-Ni(OH)$_2$ 和 β-Ni(OH)$_2$。与 α-Ni(OH)$_2$ 相比,β 型具有更优异的化学稳定性和热稳定性,广泛应用于充电电池中。在充电过程中,β-Ni(OH)$_2$ 经常被氧化成 β-NiOOH,其最大理论比电容为 289(mA·h)/g。制备纳米 β-Ni(OH)$_2$ 的方法有多种,如化学沉积法[138,139]、反胶束法[140]、水热法[141-143]、溶剂热法[144,145]、声化学法[146]及电化学法[147,148]。

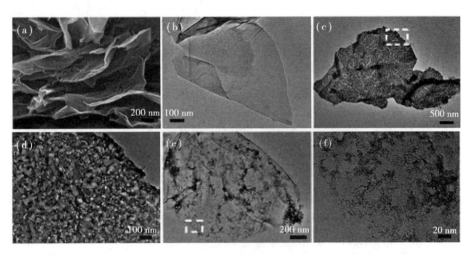

图 1.8 (a)微波辅助还原法制备 RGO 样品的高倍 SEM 图;(b) RGO 的 TEM 图;
(c)和(d) RGO/PANI 的 TEM 图;(e)和(f) RGO/RuO$_2$ 的 TEM 图[129]

Ni(OH)$_2$ 的尺寸和形貌直接影响其电化学性能,基于 Ni(OH)$_2$ 潜在的应用价值,针对各种形貌的 Ni(OH)$_2$ 纳米结构,如薄片状[149]、花状[150]、纳米颗粒[151]、微球[152]、纳米管[153]和纳米棒[154]的研究越来越多。纳米级 Ni(OH)$_2$ 对其电化学性能的提升起到了重要作用,这归因于高比表面积、快速氧化还原反应和固相间较短的扩散路径,说明 Ni(OH)$_2$ 的晶体尺寸越小电化学性能越高[155]。Liu 和 Yu[156]研究了添加纳米级 Ni(OH)$_2$ 到 Ni(OH)$_2$ 电极后对其电化学性能的影响,结果发现将 10% 纳米 Ni(OH)$_2$ 添加到普通微米级球形 Ni(OH)$_2$ 中,Ni(OH)$_2$ 电极活性物质的利用率提升了 10%,从而提高了电化学性能。Reisner 等人[157]制备出了由纳米纤维和纳米粒子组成的纳米 β-Ni(OH)$_2$,使阴极能量提升 20%。除了晶体结构外,Ni(OH)$_2$ 的形貌对其电化学性能也有很重要的影响[135]。如 Liu 等人[158]通过水热法合成了带状

和板状的纳米 β-Ni(OH)$_2$。该纳米板状 β-Ni(OH)$_2$ 的比电容高达 260 (mA·h)/g,接近 β-Ni(OH)$_2$ 的理论电容值。Fu 等人[159]将 α-Ni(OH)$_2$ 膜电沉积到 Ni 片上,发现其具有超高的电容值。结果显示,α-Ni(OH)$_2$ 粒子具有出色的电化学活性,作为单电极比电容值高达 2 595 F/g。Cheng 等人[160]报道了溶胶/凝胶法制得的一种比电容为 696 F/g 的 Ni(OH)$_2$ 干凝胶,其值远高于其他碳基材料。Yuan 等人[161]制备出了一种比电容为 710 F/g 的球形 Ni(OH)$_2$。

此外,具有分等级结构的 Ni(OH)$_2$ 不仅具备纳米结构的优势,而且缩短了电解质离子和电子的扩散路径,在充放电过程中有利于电解质离子的扩散和迁移,因此,提高了 Ni(OH)$_2$ 的有效利用率。统一的 Ni(OH)$_2$ 分等级纳米结构由超薄纳米片组装而成,其具有超高的比电容(1 715 F/g)、高倍率和良好的循环稳定性[136]。科研工作者在不同温度下将 Ni(OH)$_2$ 直接电沉积在泡沫镍(Ni foam)上,然后发现沉积温度对晶体结构、形态、比表面积及电化学性能产生了重要的影响。在 KOH 电解液中该电极最大的比电容可达 3 357 F/g,然而,在充放电过程中导电性弱和体积变化大严重限制了 Ni(OH)$_2$ 在 SCs 中的应用,因此提高导电性、增加倍率特性和电容稳定性是进一步提高 Ni(OH)$_2$ 能量密度和功率密度的有效方法。近期,为了克服这些问题科研工作者作出了很多努力,如加入导电的碳材料、合成纳米尺寸材料、掺杂 CoO、使用添加剂以及表面改性等。[132,135,137,162-164] CoO@Ni(OH)$_2$ 呈现出的比电容(高达 1 340.9 F/g 和 11.5 F/cm)远远高于纯 CoO 和 Ni(OH)$_2$[132]。科研工作者制备了由 Ni(OH)$_2$ 纳米颗粒、CNTs 和石墨烯组成的 3D 纳米结构,其比电容高达 1 235 F/g[137]。在此结构中,CNTs 与嵌入的 Ni(OH)$_2$ 纳米颗粒对石墨烯起支撑作用。所以该复合物拥有快速的离子、电子转移速率,高效的赝电容物质利用率及良好的可逆性,但仅循环 500 圈后其比电容就损失明显(约 20%)。另一项研究制备出低缺陷密度的 CNTs 掺杂 Ni(OH)$_2$ 纳米片复合物,其比电容为 1 302.5 F/g,远高于单独组分的比电容值[162]。最近,Huang 等人[165]采用一步阳极氧化法合成混合价态的分等级 Ni(OH)$_2$ 复合物。此 3D 纳米片提供了大量的电化学表面积和相互交联的纳米级孔隙通道。结果表明,复合物的比电容有了显著的提高,在相似厚度下是先前报道的 NiO-TiO$_2$ 纳米管阵列电极的 70 倍,当扫速提高 50 倍后,电容衰减仅为 20%。

在这些方法中,将高导电性的石墨烯引入 Ni(OH)$_2$ 形成复合物是一种有效的、直接的方法。石墨烯作为一种新型 2D 单原子层材料,由于其超高的比表面积和导电性已经成了近期的研究热点。然而,在制备和干燥的过程中,石墨烯片会发生不可逆的团聚,降低了其表面积的利用率,使得石墨烯基纳米材料的比电容通常仅为 100～200 F/g[166]。为了避免单层材料的缺陷,获得具有高比电容和良好循环性能的物质,科学家们一直致力于开发具有协同效应的复合物。所以通过合并超高导电性的石墨烯片和低价有赝电容活性的 Ni(OH)$_2$ 形成复合材料并对其设计合理的空间结构,充分发挥二者间的协同效应,从而使复合物具备超高的比电容、高倍率特性和优异的循环性能是一种可行的策略。石墨烯片在复合物中不仅为纳米尺寸 Ni(OH)$_2$ 颗粒的沉积提供了有力支撑,使得 Ni(OH)$_2$ 得到高效利用,而且在快速充放电的过程中可以有效地减缓复合物体积的膨胀和收缩。另外,Ni(OH)$_2$ 纳米颗粒负载在石墨烯表面可以作为间隔物有效地降低石墨烯片的团聚,最终保持高比表面积,所以研究 Ni(OH)$_2$ 与石墨烯复合材料的制备及其电化学性能是非常有必要的。

以 graphene/Ni(OH)$_2$ 为正极、graphene/RuO$_2$ 为负极组装而成的非对称电容器被研制了出来,它能在 1 mol/L KOH 水溶液中 1.5 V 电压下获得超高的比电容(153 F/g)和能量密度[48(W·h)/kg][167]。Dai 等人[135]将单晶六方向纳米片直接长在轻度氧化的石墨烯片上,该复合物在电流密度为 2.8 A/g 和 45.7 A/g 时的比电容分别为 1 335 F/g 和 953 F/g(图 1.9)。一种包含花状 Ni(OH)$_2$ 粒子和石墨烯片的复合物通过简单和低价的微波辅助法被成功制备出来,Yan 等人[168]研究了以花状 Ni(OH)$_2$/graphene 作为正极,多孔石墨烯作为负极组装而成的非对称电容器。花状 Ni(OH)$_2$/graphene 复合物通过微波加热法合成,其中不需添加模板剂和沉淀控制剂,花状结构之所以优于

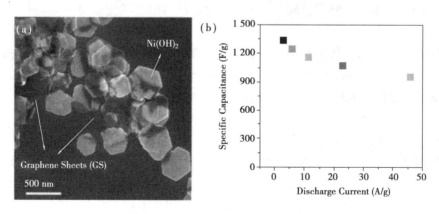

图 1.9 (a)Ni(OH)$_2$/graphene 复合物的 SEM 图;(b)Ni(OH)$_2$/graphene 复合物在不同放电电流密度下的比电容[135]

其他结构,比如微球、纳米管和片状结构,是因为其缩短了电解液中离子和电子扩散路径,使其能够快速充放电。此非对称电容器拥有 0~1.6 V 的电势窗口,比电容为 218.4 F/g,能量密度为 77.8(W·h)/kg,经过 3 000 次循环后电容保持率为 94%,如此优异的电化学性能主要归因于两个电极出色的协同效应。

1.5.3 FeOOH 及其复合物电极材料

近年来,FeOOH 以其优异的负电位窗口和高的理论比电容值,成为一种新型的阳极材料,具备各种形状和成分的 FeOOH 已被开发成 SCs 的电极。由于具有大的比表面积和高的离子迁移率,1D 同轴纳米结构材料具有改善电化学性能的巨大潜力。为了开发高能量密度、高功率密度的电极材料,Wei 等人[169]制备了 FeOOH@PPy,一种被超薄聚吡咯包裹的 1D FeOOH 纳米颗粒复合物;Lou 团队[170]通过调节反应体系中甘油的量,制备出层状海胆型 α-FeOOH 实心球或空心球,α-FeOOH 空心球的比表面积可达 96.9 m^2/g;Chen 团队[171]采用电镀法合成了具有不同层状通道的羟基氧化铁纤铁矿(γ-FeOOH)纳米片,这些纳米片表面光滑,平均长度为 1.4 μm、厚度为 30~50 nm,不同的纳米片相互缠绕形成了多重的 2D 通道[如图 1.10(a)所示],Li^+ 能够在[FeO_6]八面体单元的 2D 通道中可逆地嵌入/脱出,有效地提高了赝电容效应;Yu 团队[172]在碳布上制备了氟掺杂的 β-FeOOH 纳米棒,氟阴离子的引入提高了材料的导电性,氟掺杂的 β-FeOOH 作为电极材料可以解决能量密度低的问题。

FeOOH 也与其他材料,如金属氧化物和富碳物质结合形成复合物。Zhang 等人[173]用水热法制备出 $CoFe_2O_4$/FeOOH 分等级纳米复合物电极用于 SCs,通过调整尿素含量获得花状 $CoFe_2O_4$/FeOOH 纳米结构。Lv 等人[174]用两步水热法制备海胆状 α-FeOOH@MnO_2 核/壳空心微球,第一步制备由纳米棒组成的 α-FeOOH 空心微球,第二步在空心球的表面上生长带状 MnO_2 纳米结构,形成 α-FeOOH@MnO_2 核/壳空心微球,如图 1.10(b)所示,中间黑色部分是 FeOOH,外面白色条是 MnO_2。Hao 团队[175]制备出 FeOOH 纳米颗粒改性的氮掺杂石墨烯复合材料,在合成过程中,尿素不仅可作为还原剂和氮掺杂石墨烯的掺杂剂,还可作为沉淀金属氢氧化物的羟基离子提供剂,通过氮掺杂石墨烯和尿素的联合作用将 FeOOH 纳米棒生长在石墨烯片上。Zhang 团队[176]采用水热法制备出极其细小的 α-FeOOH 纳米棒/氧化石墨烯复合物作为 SCs 的电极材料,以氧化石墨烯和醋酸铁为原材料,不添加任何添加剂直接反应制得。α-FeOOH 纳米棒平均直径为 6 nm,平均长度为 75 nm。

尽管 FeOOH 就晶体结构而言是一种具有发展前景的 SCs 电极,但该材料不易扩张或收缩的性质限制了离子的渗透和扩散,作为对比,非晶体材料由于其无序性表现出了极强的电化学性能。Wu 团队[177] 制备出无定形的 FeOOH/MnO$_2$ 复合物,采用丝网印刷在 PET、纸张和纺织品基底上制成电极,以 3 种材料为基底的 SCs 具有高柔韧性、可弯折,且不损失装置的电容性能。Xia 团队[178] 制备出无定形 FeOOH 量子点/石墨烯复合纳米片,平均粒径 2nm 的无定形 FeOOH 量子点紧密地锚在石墨烯片上,形成连续的介孔纳米薄膜。Wong 团队[179] 通过电沉积法在泡沫镍上制备鱼鳞状 FeOOH 纳米结构,该纳米结构具有大量的表面活性位点,FeOOH 的无定形特性能促进电解质离子的扩散和反应,所以提高了材料的电容性能。

随着可穿戴电子设备的快速发展,纤维 SCs 以其尺寸小、质量轻、柔韧性高及编织性能好等优点被视为具有发展前景的可穿戴装置的能量存储设备[180,181]。Lee 团队在碳纤维(CF)上通过电沉积制备出纳米结构的 FeOOH/PPy,1D FeOOH 纳米线垂直长在碳纤维上,所以形成多孔结构,如图 1.10(c)所示,PPy 随后生长在 FeOOH/CF 上,多孔形貌仍然保持,复合物中 FeOOH 纳米线的直径约为 10 nm,PPy 包覆层的厚度约为 3nm。Yuan 团队[182] 制备出 Ti 掺杂的 FeOOH 量子点(QD)/石墨烯复合物,该复合物均匀地分散在细菌纤维素(BC)基底上形成柔性电容电极,Ti 掺杂的 FeOOH QD/GN 作为活性物质,BC 确保柔性 SCs 的柔韧性和机械强度。

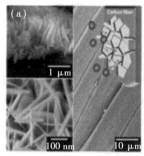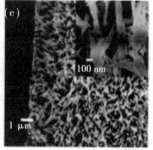

图 1.10 (a)γ-FeOOH 纳米片的 SEM 图[171];(b)制备好的 α-FeOOH@MnO$_2$ 的 TEM 图[174];(c)碳纤维上 FeOOH/PPy 的 SEM 图[183]

可折叠显示器和自供电透明液晶显示器等电子设备要求电极材料不仅

具有高功率/能量密度,而且具有高透明性,为了满足这些要求,非对称透明SCs大量涌现。碳材料由于其较低的理论比电容和透光率,在透明电极的应用领域受到限制,过渡金属氢氧化物因具有高比电容而被用于透明的微结构电极。Zhang等人[184]制备出透明的石墨烯负载FeOOH纳米线和Co(OH)$_2$纳米片膜,两种纳米结构都封装在石墨烯壳层中,呈现多孔结构,被视为透明的非对称赝电容电极,复合物独特的结构提供的有效接触面积大和导电性高,为离子和电子提供了3D传输路径。O'Neill与合作者[185]采用喷射沉积法制备介孔多孔复合电极,在多孔材料中1D Fe$_3$O$_4$/FeOOH纳米线和CNTs缠在一起,FeO$_x$和CNTs大小相近,经过喷射后紧密地缠绕在一起。自支撑网络是通过摩擦形成的,而直径为50~250 nm的空隙形成于两种1D材料之间,透明电极材料需要一定的孔隙度提高电极的透明度,但孔隙度会降低材料的密度和电容,所以应用时应该在这两个方面作出权衡。

1.5.4　Co$_3$O$_4$/Co(OH)$_2$及其复合物电极材料

在众多金属氧化物中,Co$_3$O$_4$以其价格低廉、氧化还原活性高、理论比电容值突出(3 560 F/g)、可逆性好、环境友好等优点,被认为是取代最先进的RuO$_2$的理想正极材料。近年来,人们致力于合成不同形貌的Co$_3$O$_4$纳米结构,如纳米片、纳米线、纳米管、气凝胶、纳米花和微球[186-188]。例如,长在泡沫镍上的Co$_3$O$_4$纳米片阵列以其独特的3D分等级结构,具有快速的离子、电子运输能力,获得了2 735 F/g超高的比电容值[186],介孔Co$_3$O$_4$纳米线阵列随意地生长在泡沫镍上输出1 160 F/g的比电容值,经过5 000圈循环后电容保持率为90.4%[189]。Co$_3$O$_4$纳米管因其结构独特、比表面积大展现了优异的比电容值(574 F/g)[188]。为了提高Co$_3$O$_4$电极的导电性,引入各种各样的富碳材料形成复合物用于SCs[126,190-192],通过共沉淀法制备的Co$_3$O$_4$/CNT复合物由于二者间的协同效应比纯Co$_3$O$_4$拥有更高的比电容值(418 F/g)[190]。研究表明,石墨烯/Co$_3$O$_4$复合物在水溶液中获得的最大比电容值为243.2 F/g[126],3D石墨烯泡沫支撑Co$_3$O$_4$纳米线输出1 100 F/g的比电容和出色的循环稳定性[193],柔韧的、独立的Co$_3$O$_4$/RGO/CNT纸状电极输出的比电容为378 F/g[192]。

Co(OH)$_2$也是一种SCs高容量的正极材料,由于其层间距大、成本低,其理论比电容值可达3 460 F/g。Co(OH)$_2$电位氧化沉积在不锈钢上输出比电容值为890 F/g[194],多孔Co(OH)$_2$/Ni复合物由于Ni的引入提高了导电性,其比电容值高达 1 310 F/g[195]，海胆状介孔 Co(OH)$_2$ 纳米线由于其有序的微观结构、分等级的孔隙度、良好的导电性，输出的比电容值为 421 F/g[196]。Co(OH)$_2$ 为一种 p 型半导体，在动力学上不利于支持高功率密度所需的快速电子传输，为了进一步提高其电化学性能，引入 CNTs 和石墨烯等导电碳材料构建复合纳米结构成为一种有效途径[124,197]。免黏结剂的 Co(OH)$_2$ 与 CNT 阵列电极产生高比电容值(12.74 F/cm^3)及优异的倍率性能[197]，Graphene/Co(OH)$_2$ 复合物输出的比电容值(972.5 F/g)明显高于纯 Co(OH)$_2$(726.1 F/g)。截至目前，在以往的报道中 Co(OH)$_2$ 及其衍生物表现出高的比电容值，但较低的活性物质负载量和较低的电势范围将很大程度上限制其在 SCs 中的实际应用。

1.6 本书研究的意义

超级电容器作为功率输出装置，表现出了功率密度大、瞬时快速充放电、循环稳定性高的优点，被广泛应用在清洁能源和混合动力汽车等领域。然而，与传统电池相比，SCs 的能量密度却很小，这很大程度上限制了其在储能领域的进一步应用。目前，解决这一问题的关键是在不损失 SCs 高功率容量的基础上，研究设计出价格低廉、能量密度高的电极材料。根据电荷储存原理，SCs 可以分为双电层电容器和赝电容器两大类。过渡金属氢氧化物是典型的赝电容活性材料，与双电层材料相比，其在电极表面发生了可逆的氧化还原反应，从而拥有了更高的比电容。然而对于一种出色的赝电容电极材料来说，不仅应具有高比电容和大比表面积，还应该拥有良好的氧化还原可逆性和循环稳定性。另外，作为功率元件，在充放电过程中，内部电阻应该足够低才能获得高倍率特性。在众多的过渡金属氢氧化物中，Ni、Co、Fe 基(氢)氧化物以其超高的理论比电容、良好的氧化还原能力及低廉的价格成了有广泛应用价值的赝电容电极材料。然而当需要高能量密度输出时，Ni、Co、Fe 基(氢)氧化物的低导电性却限制了其快速电子转移的能力。为了提高 Ni、Co、Fe 基电极材料的电化学性能，本书深入研究了 Ni、Co、Fe 基(氢)氧化物不同形貌的分等级纳米结构以及将石墨烯作为基底负载 Ni、Co、Fe 基(氢)氧化物后形成的复合物。Graphene 作为一种优异的碳材料，具有巨大的活性表面积和出色的导电性，与 Ni、Co、Fe 基(氢)氧化物复合后可以发挥二者的协同效应，从而大幅度提高复合物的电化学活性。Graphene 不仅可以作为 Ni、Co、Fe

基(氢)氧化物生长的支撑材料,而且可为电荷传输提供通道,缩短电子和离子扩散路径,提高电荷质量传输效率,有助于复合物稳定性的提升。本书通过优化 Ni、Co、Fe 基复合电极材料的组成、形貌及结构,使其组装成同时具备高能量密度和高功率密度的 SCs,对拓展 SCs 在电力储能、电动汽车及便携式电子产品等前沿领域的应用有很强的现实意义。

1.7 本书研究的主要内容

本书采用简单、环保、低价的制备方案,如水热法、电还原法合成形貌各异的 Ni、Co、Fe 基(氢)氧化物及其石墨烯复合物。通过 XRD、SEM、TEM、XPS、Raman 及 N_2 吸附脱附等测试手段分析各种产物的组成、形貌和结构等,并探讨产物的合成机理。将 Ni、Co、Fe 基复合材料作为电极材料,在三电极体系下通过循环伏安法(CV)、恒电流充放电法、交流阻抗法(EIS)对其进行电化学性能分析,并将 Ni、Co、Fe 基复合电极组装成 SCs,在两电极体系下测试该装置的电化学性能,考察其实际应用价值。具体内容如下:

(1)采用水热法通过 L-精氨酸(L-arginine)辅助合成由纳米片组装而成的分等级 β-Ni(OH)$_2$ 花状微球。通过 XRD、SEM、TEM、N_2 吸附脱附等表征手段分析产物的成分、形貌、结构,初步探讨分等级 β-Ni(OH)$_2$ 花状微球的组装机理以及 L-arginine 的存在对晶体生长的影响。通过电化学工作站对该电极材料进行 CV、EIS 和充放电测试,考察产物的电化学性能。

(2)采用水热法通过 L-赖氨酸(L-lysine)辅助合成由纳米片彼此交错组装而成的分等级 β-Ni(OH)$_2$ 空心微球。采用 XRD、SEM、TEM、N_2 吸附脱附等表征手段分析产物的成分、形貌、结构,通过考察不同反应时间的产物的形貌,分析空心微球的形成机理;通过对比有、无 L-lysine 辅助合成的 β-Ni(OH)$_2$ 的形貌,探讨 L-lysine 对产物形成分等级结构的影响。使用电化学工作站对该电极材料进行 CV、EIS 和充放电测试,考察产物的电化学性能。

(3)使用石墨烯作为支撑材料,通过水热法将 Ni(OH)$_2$ 纳米粒子均匀负载到石墨烯表面,形成 graphene/Ni(OH)$_2$ 复合物。通过 XRD、SEM、TEM、TGDSC、Raman、XPS、AFM 等测试方法,分析 graphene/Ni(OH)$_2$ 复合物的晶体类型、组成与结构,并初步研究复合物的形成过程。通过对复合物和纯 Ni(OH)$_2$ 电极材料进行电化学对比测试,讨论 graphene/Ni(OH)$_2$ 复合电极材料电化学性能的优越性及产生原因。

(4)使用简单、绿色、环保的电化学还原法将包覆在泡沫镍表面上的 GO

还原成单层/多层石墨烯,再用盐酸将泡沫镍刻蚀掉制备出多孔、大比表面积、轻质的 3D graphene 泡沫。以 3D graphene 为支撑骨架,采用水热法在其表面生长致密的 $Ni(OH)_2$ 纳米片,制备出独立的、整体的 3D graphene/$Ni(OH)_2$ 复合电极材料。通过 XRD、SEM、EDS、TEM、BET、Raman、XPS 等测试方法,分析 3D graphene/$Ni(OH)_2$ 复合物的晶型、组成与结构,并探讨复合物的形成过程。使用电化学工作站对该三维电极材料进行 CV、EIS 和充放电测试,分析产物的电化学性能和特点。

(5)通过在甲酰胺溶液中插入十二烷基硫酸钠(SDS)将 α-$Ni(OH)_2$ 剥离成 α-$Ni(OH)_2$ 超薄纳米片,并采用静电吸引自组装法和水合肼还原法制备层状 α-$Ni(OH)_2$/RGO 复合物。通过 XRD、TEM、XPS 等表征手段分析产物的成分、形貌、结构,初步探讨层状 α-$Ni(OH)_2$/RGO 复合物的组装机理。将该产物组装成 SCs,通过电化学工作站对该电极材料进行 CV、充放电测试及循环稳定性测试,考察该 SCs 装置的电化学性能。

(6)采用简单的一步水热法制备 3D 多孔的 Co_3O_4/石墨烯气凝胶(GA)材料。采用 XRD、SEM、TEM、N_2 吸附脱附等表征手段分析产物的成分、形貌、结构,通过对比纯 GA、Co_3O_4/GA 复合物电化学性能的差异,分析 Co_3O_4 微球的引入对电化学性能提升所起的作用。以 Co_3O_4/GA 为正极、GA 为负极、LiOH/PVA 为凝胶电解质组装成全固态非对称超级电容器(ASCs),考察该 SCs 装置的电化学特性。

(7)采用一种简单、有效的水热法制备 α-FeOOH 纳米棒装饰的石墨烯片作为超级电容器电极,FeOOH 纳米棒均匀地锚在石墨烯片上,体积比纯 α-FeOOH 棒小很多。与纯 α-FeOOH 相比,FeG 拥有更大的比表面积(164.2 m^2/g),当电流密度为 0.5 A/g 时,输送出 258.2 F/g 的高比电容,在 10 A/g 的电流密度下充放电 2 000 圈后电容保持率仍高达 90.2%。

第 2 章　实验材料及表征方法

2.1　实验仪器

本书实验过程中使用的仪器如表 2.1 所示。

表 2.1　实验仪器和设备

名　称	型　号	生产厂家
不锈钢反应釜	—	实验室自制
真空干燥箱	DZF-1B	上海一恒科技有限公司
离心沉淀机	L80-2	上海跃进医疗器械厂
多用循环水真空泵	SHB-3	郑州杜甫仪器厂
磁力恒温搅拌器	94-2 型	上海虹浦仪器厂
立式冷冻干燥机	SCIENTZ-18ND	宁波新芝科技股份有限公司
电热鼓风干燥箱	101-1 型	上海沪南科学仪器联营厂
电子天平	FA2004	上海精密科学仪器有限公司
超声波清洗仪	SK1200H	上海科导超声仪器有限公司
pH 计	PHS-3C 型	上海精密科学仪器有限公司
电化学工作站	CHI660D 型	上海辰华仪器有限公司
玻璃仪器气流烘干器	KQ-B 型	巩义市予华仪器有限责任公司
粉末压片机	T69YP-2413	天津市科器高新技术公司

2.2 主要实验试剂

本书中使用的化学试剂见表2.2。氧化石墨通过改良的 Hummers 法制备而成[99]。在冰浴条件下,将 5 g 天然石墨缓慢地加入到 115 mL 98%的浓硫酸中,磁力搅拌 50 min 后,再缓慢加入 30 g 高锰酸钾,然后磁力搅拌 4 h,反应物呈墨绿色,此段反应温度控制在 10 ℃左右。然后将水浴锅温度升至 40 ℃,磁力搅拌 45 min,反应物变黏稠。继而加入 400 mL 蒸馏水,在 70~90 ℃反应 15 min 后,产物为红褐色,最后加入 300 mL 蒸馏水终止反应,产物为金黄色溶液,经过酸洗和水洗后可得氧化石墨。实验中所使用的试剂无须提纯,用水为二次蒸馏水。

表2.2 化学试剂及规格

名　称	分子式	纯度等级	生产厂家
天然石墨	C	A.R.	天津市化学试剂三厂
葡萄糖	$C_6H_{12}O_6$	A.R.	天津市耀华化学试剂有限责任公司
高锰酸钾	$KMnO_4$	A.R.	天津市恒兴化学试剂制造有限公司
双氧水	H_2O_2	A.R.	天津市天新精细化工开发中心
硫酸	H_2SO_4	A.R.	哈尔滨市新达化工有限公司
丙酮	CH_3COCH_3	A.R.	天津市富宇精细化工有限公司
盐酸	HCl	A.R.	哈尔滨市新达化工有限公司
氨水	$NH_3 \cdot H_2O$	A.R.	天津市化学试剂一厂
乙醇	CH_3CH_2OH	A.R.	天津市百世化工有限公司
聚四氟乙烯	$+CF_2=CF_2+_n$	A.R.	上海汇普工业化学品有限公司
硝酸	HNO_3	A.R.	哈尔滨市新达化工有限公司
氯化镍	$NiCl_2$	A.R.	天津市大茂化学试剂厂
乙酸镍	$Ni(AC)_2$	A.R.	天津市光复精细化工研究所
硝酸镍	$Ni(NO_3)_2$	A.R.	天津市福晨化学试剂厂
氢氧化钾	KOH	A.R.	天津市富宇精细化工有限公司
赖氨酸	$C_6H_{14}N_2O_2$	A.R.	天津市光复精细化工研究所

续表

名　称	分子式	纯度等级	生产厂家
精氨酸	$C_6H_{14}N_4O_2$	A.R.	天津市光复精细化工研究所
活性炭	C	A.R.	肇东黑龙活性炭制造有限公司
乙酸钠	CH_3COONa	A.R.	天津市瑞金特化学品有限公司
乙二醇	$C_2H_6O_2$	A.R.	天津市大茂化学试剂厂
邻苯二甲酸氢钾	$C_8H_5KO_4$	A.R.	哈尔滨东方研究所
六亚甲基四胺	$C_6H_{12}N_4$	A.R.	天津市福晨化学试剂厂
乙炔黑	C	A.R.	焦作鑫达化工有限公司
硝酸钴	$Co(NO_3)_2 \cdot 6H_2O$	A.R.	哈尔滨市化工试剂厂
N-甲基-2-吡咯烷酮	C_5H_9NO	A.R.	天津市福晨化学试剂厂
甲酰胺	CH_3NO	A.R.	天津市化学试剂三厂

注：A.R.表示分析纯。

2.3　表征与分析方法

本书采用多种设备对产物的组成、形貌、结构、性能等进行表征与测试，所用主要设备列举如下。

1. 扫描电子显微镜(SEM)

采用日本JEOL生产的JSM-6480A型扫描电子显微镜，对样品的形貌、组成、结构进行分析。

2. X射线粉末衍射仪(XRD)

使用日本Rigaku D/max-TTR-Ⅲ系列X射线衍射仪，对样品的组成和结构进行表征。仪器和测试参数设置为：Cu Kα/石墨单色器、管电流150 mA、管电压40 kV、扫速10°/min、步进角度0.02°。

3. 热重/差示扫描量热仪(TG-DSC)

使用德国耐驰仪器制造有限公司生产的NETZSCH STA409PC型热重/差

示扫描量热仪,测试的是与材料内部热转变相关的温度、热流的关系,测试中使用的是氧气氛围。

4. N_2 吸附/脱附测试

使用美国麦克仪器公司生产的 ASAP2010 型物理吸附分析仪对样品进行测定,并通过 BET(Brunauer-Emmett-Teller)法计算样品的比表面积,通过 BJH 法计算样品的孔容和孔径分布。

5. 透射电子显微镜(TEM)

采用美国 FEI 公司的 Tecnai G20 型高分辨透射电子显微镜对样品的内部细微结构进行分析,测试条件为:工作电压 20 kV,放大倍数 5~30 万倍,分辨率 3 nm。

6. X 射线光电子能谱分析(XPS)

使用美国物理电子公司生产的 PHI 5700 ESCA 型能谱仪。XPS 主要是通过测定电子的结合能来实现对表面元素的定性分析,包括价态。仪器和测试参数设置为:Al Kα 单色器,$h\nu = 1\,486.6$ eV。

7. 拉曼光谱分析(Raman Spectroscopy)

采用法国 Horiba Jobin Yvon 公司生产的 LabRAM HR800 型激光共焦显微拉曼光谱仪。

8. 原子力显微镜(AFM)

使用德国 Bruker 公司生产的 Dimension FastScan 原子力显微镜。测试条件为:扫描尺寸 35 μm × 35 μm × 3 μm,最大扫描速度 125 Hz,弹性模量范围 1 MPa~100 GPa,表面电势 ±10 V,精度 10 mV。

9. 循环伏安测试

采用上海辰华仪器有限公司生产的型号为 CHI660D 的电化学工作站,测试条件为:由饱和甘汞电极(SCE)为参比电极、铂电极为对电极、活性物质为工作电极组装而成的三电极体系,在相应的电解液中进行测试。

10. 充放电测试

采用上海辰华仪器有限公司生产的型号为 CHI660D 的电化学工作站,在恒流条件下对被测电极进行充放电操作,考察其电势随时间的变化规律,研究电势随时间的函数变化的规律。测试条件为:由饱和甘汞电极(SCE)为参比电极、铂电极为对电极、活性物质为工作电极组装而成的三电极体系,在相应的电解液中进行测试。

11. 电化学交流阻抗分析(EIS)

使用上海辰华仪器有限公司生产的型号为 CHI660D 的电化学工作站,测试条件为:由饱和甘汞电极(SCE)为参比电极、铂电极为对电极、活性物质为工作电极组装而成的三电极体系,在相应的电解液中进行测试。

第 3 章　分等级 β-Ni(OH)$_2$ 花状微球的制备及其电化学性能研究

3.1　引　言

能量需求的增加,空气污染、温室效应的加剧,使得科研工作者对用于能量储存和转化装置的替代能源进行了深入研究[198]。超级电容器因其高功率密度和稳定性,被视为能用于能量储存的非常有前途的设备[199]。一般来说,超级电容器包括传统的双电层电容器和法拉第赝电容器,其中基于法拉第赝电容反应过程获得的能量密度要比双电层电容器高很多倍[200]。过渡金属氧化物和导电聚合物经常用于赝电容器,尤其是基于氧化钌的 SCs 表现出了超高的赝电容和出色的可逆性。然而,钌的价格昂贵,很大程度上限制了该材料的商业应用。所以,寻找拥有良好电化学性能、价格低廉的可替代电极材料显得尤为重要。过渡金属氧化物,如 NiO、Ni(OH)$_2$、Mn$_2$O$_3$、Co$_3$O$_4$ 等成为可行的候选者,其中 Ni(OH)$_2$ 以其高理论比电容和低廉价格吸引了众多关注[201]。

近年来,无机分等级微纳米材料引起了科学家们的重视,其具备的两级或者更多级结构不仅可以提供超高的活性表面积[202],而且还可以充分发挥纳米尺寸效应和微米或亚微米级组装体的高稳定性等优势[203]。Li 等人[204]制备出了由纳米棒组成的分等级 V$_2$O$_5$ 空心微球,其作为锂离子电池阴极材料时表现出了优异的电化学性能,所以制备 Ni(OH)$_2$ 分等级结构对提高其电化学性能、拓展其实际应用都有重要意义。

Ni(OH)$_2$ 是 SCs 正极材料中优异的活性物质,电容器的电化学性能主要取决于Ni(OH)$_2$的尺寸、形貌和晶相[205]。其固有的薄片状结构特性使得单晶β-Ni(OH)$_2$纳米片已经被合成出来[206]。近期,一维(1D)β-Ni(OH)$_2$纳米棒和纳米管也陆续被制备出来。然而,关于制备β-Ni(OH)$_2$分等级结构的报道却很少,如空心球[207,208]和层状饼[209],因此探索出一种简单、高产和环保的制备分等级结构的方法成了研究热点。

本章采用水热法 L-arginine 辅助合成由纳米片组装成的分等级β-Ni(OH)$_2$花状微球。此分等级结构加速了活性物质和电荷收集器之间的电子转移,提高了电极材料和电解液之间的接触面积。在电化学测试过程中,当电流密度为 5 mA/cm^2 时,分等级 β-Ni(OH)$_2$ 花状微球表现出了较高的比电容(1 048.5 F/g),同时也呈现出了优异的循环性能。

3.2 实验部分

3.2.1 分等级 β-Ni(OH)$_2$ 花状微球的制备

首先将 0.475 g NiCl$_2$·6H$_2$O 和 0.26 g L-arginine 溶解于 40 mL 蒸馏水中,磁力搅拌 20 min,再将该反应液放入 100 mL 反应釜中在 180 ℃下反应 6 h。所得产物经离心、水洗后于 60 ℃下干燥 12 h。

3.2.2 电极的制备和电化学表征

将电活性物质 Ni(OH)$_2$、活性炭、乙炔黑和聚四氟乙烯(PTFE)以 75∶10∶10∶5的比例混合,然后将混合物压在泡沫镍上(1 cm^2),在 80 ℃下干燥 3 h 制成工作电极。Ni(OH)$_2$ 样品的质量大约为 7.5 mg。所有电化学测试使用的是 CHI660D 电化学工作站,该活性物质的电化学性能在三电极体系下测试,其中活性物质电极(1 cm^2)为工作电极,1 cm^2 铂片为对电极,饱和甘汞电极(SCE)为参比电极。电解液为 6 mol/L KOH 水溶液。循环伏安曲线的电压测试范围为 0~0.5 V,恒电流充放电的电压测试范围为 0~0.35 V,阻抗谱测试的频率范围为 0.01 Hz~100 kHz,交流扰动电压为 10 mV。

3.3 结果与讨论

3.3.1 材料表征

图 3.1 为 L-arginine 辅助合成 Ni(OH)$_2$ 样品的 XRD 谱图。图中,在 2θ = 19.4°、33.1°、38.5°、52.2°、59.1°和 62.8°处的特征衍射峰分别与标准卡片六方晶系 β-Ni(OH)$_2$(JCPDS No. 14-0117,空间群 P-3m1)的(001)、(100)、(011)、(012)、(110)和(111)晶面相对应,晶胞参数 a = 3.126 Å,b = 3.126 Å,c = 4.605 Å。XRD 衍射峰的峰强高且尖锐,显示出产物的结晶性良好,同时未检测出其他杂峰,说明产物具有很高的纯度。

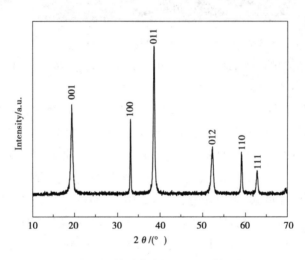

图 3.1 L-arginine 辅助合成 Ni(OH)$_2$ 样品的 XRD 图

SEM 图用来研究制备出的 β-Ni(OH)$_2$ 的具体形貌。SEM 图[图 3.2(a)]显示出 β-Ni(OH)$_2$ 结构是由纳米片组装而成的花状分等级微球。由图可知,大量的分等级 β-Ni(OH)$_2$ 花状微球颗粒大小均匀,直径大约为 800 nm ~ 2 μm。从高倍 SEM 图[图 3.2(b)]中看出,花状 β-Ni(OH)$_2$ 由统一的纳米片紧密地组装在一起,纳米片之间彼此交错连接,即便经过超声振动,也不能将其破坏成单一纳米片。与先前报道的由表面活性剂诱导无定形碳酸钙纳米粒子前驱体和结晶成的圆饼状微米级碳酸钙粒子相比,分等级 β-Ni(OH)₂ 花状微球具有更强的稳定性[210]。对于稳定的上层结构来说范德华力作用较弱[211],说明在生长过程中,纳米片间强烈的化学键成了构筑分等级结构的主要驱动力[212]。

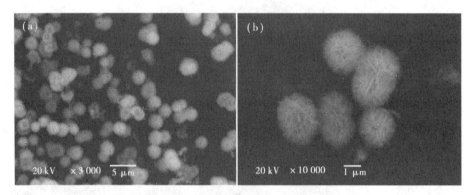

图 3.2　不同放大倍数下 Ni(OH)₂ 微球的 SEM 图
(a)Ni(OH)₂ 微球的高倍 SEM 图;(b)Ni(OH)₂ 微球的低倍 SEM 图

TEM 图用于分析分等级 β-Ni(OH)₂ 花状微球的晶体结构。从图 3.3(a)可以看出,从中心到表面的所有纳米片呈放射性自组装成类球形花状结构。高倍 TEM 图[图 3.3(b)]显示出 Ni(OH)₂ 纳米片彼此紧密地交叉重叠,形成了丰富的孔隙结构。由图 3.3(c)可知,组成 Ni(OH)₂ 分等级结构的纳米片尾部呈三角形状,厚度薄,表面光滑,分等级 β-Ni(OH)₂ 中大量的纳米片彼此交错有助于电子转移和电解质离子传输,从而大幅度提高其电化学性能。

图 3.4 为分等级 β-Ni(OH)₂ 花状微球的 N_2 吸附/脱附等温线及相应的孔径分布图。由图可知,此曲线为第Ⅳ型等温线,在较大的相对压力(P/P_0)区间(0.7~1.0)下,出现了明显的滞后环,说明该产物中有介孔的存在[213]。产物的比表面积(S_{BET})和总孔体积分别为 19 m^2/g、0.071 cm^3/g,孔尺寸分布图(内插图)显示介孔尺寸分布在 2~35 nm,平均孔直径为 26 nm,可能是由于 β-Ni(OH)₂ 纳米片彼此交叉重叠形成的孔隙引起的,为电解液离子的快速迁移提供了良好的通道。

第3章 分等级 β-Ni(OH)₂ 花状微球的制备及其电化学性能研究

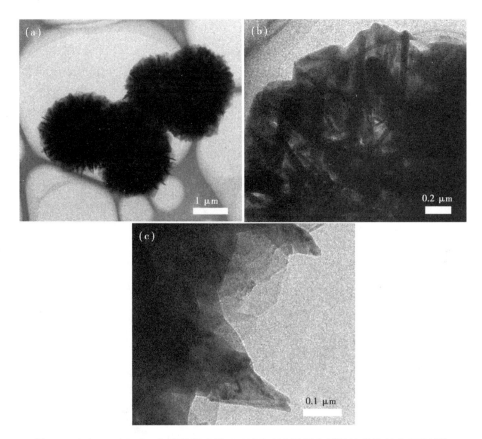

图 3.3　(a) β-Ni(OH)₂ 分等级微球的 TEM 图；(b) 局部分等级结构的放大 TEM 图；
(c) 微球边缘的 TEM 图

3.3.2　分等级 β-Ni(OH)₂ 花状微球的形成机理

通过上述分析，分等级 β-Ni(OH)₂ 花状微球可能的形成机理被提出，即 L-arginine 含有两种不同的官能团（—NH₂ 和—COOH），在反应的初始阶段，Ni^{2+} 与 L-arginine 发生协调作用[214]。部分 L-arginine 热解产生氨气，并与 Ni^{2+} 生成了 $[Ni(NH_3)_6]^{2+}$ 配合物，化学反应方程式如下[215]：

$$Ni^{2+} + 6NH_3 \longrightarrow [Ni(NH_3)_6]^{2+} \tag{3.1}$$

随着反应时间的延长，花状 Ni(OH)₂ 缓慢形成。同时，L-arginine 可以减缓金属离子进入金属氢氧化物微球，使得金属离子均匀地分散在 Ni(OH)₂ 微球中,然后形成相对整齐的彼此交错的纳米片。由于—COO 与 Ni^{2+} 成键,$Ni(OH)_2$ 纳米片在生长过程中免于团聚。另外,无论是氨基基团还是羧基基团都能够与表面带负电的过渡金属氧化物发生协调作用[214],而过渡金属氢氧化物表面所带电荷情况与过渡金属氧化物相似。氨基酸作为一个桥梁和连接物将 Ni^{2+} 吸附到 $Ni(OH)_2$ 上,用于另一层 $Ni(OH)_2$ 纳米片的生长[216]。由于氨基和金属氢氧化物之间强劲的吸附作用,L-arginine 功能化的 $Ni(OH)_2$ 可以均匀吸附大量的 $Ni(OH)_2$ 微晶,作为生成下一层 $Ni(OH)_2$ 纳米片的活性位点,最后层层自组装成具有分等级结构的 β-$Ni(OH)_2$ 空心微球。所以,整个反应化学方程式如下[217]:

$$NH_3 + H_2O \longrightarrow NH_4^+ + OH^- \tag{3.2}$$

$$Ni(NH_3)_6^{2+} + 2OH^- \longrightarrow Ni(OH)_2\downarrow + 6NH_3 \tag{3.3}$$

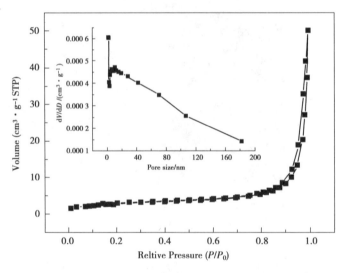

图 3.4 分等级 β-$Ni(OH)_2$ 花状微球的 N_2 吸附/脱附曲线图,
内插图为相应的孔径分布图

3.3.3 电化学性能研究

循环伏安曲线和恒电流充放电曲线用于计算分等级 β-$Ni(OH)_2$ 花状微球分别在不同扫速和电流密度下的比电容。图 3.5(a) 和 (b) 给出了当扫速为 5,10,20,30,40 mV/s 时分等级 β-$Ni(OH)_2$ 花状微球的 CV 曲线及与其相

第3章 分等级 β-Ni(OH)₂ 花状微球的制备及其电化学性能研究

对应的比电容分别为 806.3,543.8,413.2,320.7,278.5 F/g。当电流密度为 5,10,20,30,40,50 mA/cm² 时 β-Ni(OH)₂ 花状微球的比电容分别为1 048.5,715.9,567.5,466.3,377.9,325.7 F/g[图 3.5(c)和(d)]。在快速的扫描速度和高电流密度下,在 Ni(OH)₂ 层间用于电荷补偿的 OH⁻ 运输缓慢,使得 Ni(OH)₂ 纳米片不能维持氧化还原反应造成了比电容的衰减[218],而在低扫速或低电流密度下,Ni(OH)₂ 的电活性表面能得到充分利用,因此提高了其比电容。图 3.5(a)每条曲线的氧化还原峰中的还原峰大约出现在 0.1 V 处,氧化峰出现在 0.3 V 处,这是 Ni 在不同氧化态之间相互转化造成的。图中不同扫速下的每条曲线保持了相似的氧化还原峰,表明在充放电过

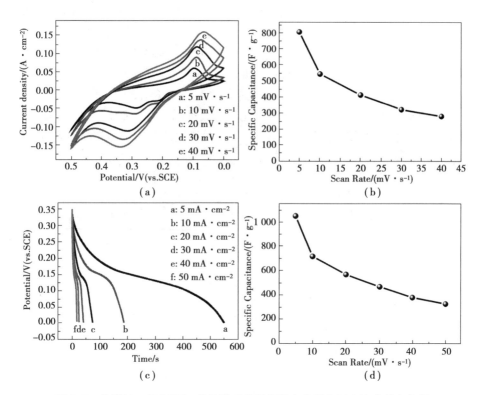

图 3.5 分等级 β-Ni(OH)₂ 花状微球的循环伏安曲线和恒电流充放电曲线
(a)在扫速为 5,10,20,30,40 mV/s 时的 CV 曲线;(b)在扫速为 5,10,20,30,40 mV/s 下的比电容值变化图;(c)在电流密度为 5,10,20,30,40,50 mA/cm² 时的恒电流放电曲线;(d)在电流密度为 5,10,20,30,40,50 mA/cm² 时的比电容值变化图

43

程中 β-Ni(OH)$_2$ 发生了连续的法拉第氧化还原反应(主要产生赝电容),此过程是一个准可逆过程[219]。本章合成的 β-Ni(OH)$_2$ 花状微球具有较高的比电容特性主要是由于 Ni(OH)$_2$ 独特的分等级形貌和孔隙结构使 OH$^-$ 和水分子易于到达 Ni(OH)$_2$ 边缘晶面,因此顺利进入层间。至今,与其他形貌材料相比,具有基于纳米片分等级形貌的电活性物质表现出更高的比电容[136]。所以,L-arginine 作为一种软模板剂对形成分等级结构从而获得高比电容起到了关键作用。

分等级 β-Ni(OH)$_2$ 花状微球的恒电流充放电循环测试用于考察其电化学稳定性。在测试电压范围为 0~0.35 V 时,以 50 mA/cm^2 的高电流密度充放电 500 圈的循环结果如图 3.6 所示。图 3.6(a)中所有的充放电曲线都有类似的电压/时间响应特性,表明此 β-Ni(OH)$_2$ 电极的充放电过程是可逆的。而且,通过此测试可以看出其库仑效率接近 100%。图 3.6(b)显示在前 80 圈循环过程中,产物比电容有所增加,这是 β-Ni(OH)$_2$ 电极的活化造成的,随着分等级 β-Ni(OH)$_2$ 花状微球中的电化学活性位点被充分利用,其比电容达到了 333.6 F/g 的最大值。经过 500 圈充放电循环后,分等级 β-Ni(OH)$_2$ 微球的比电容仍保持了初始比电容的 90.8%,表明该物质具有良好的电化学循环稳定性。

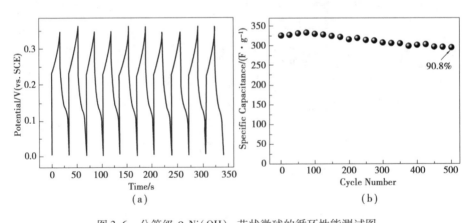

图 3.6 分等级 β-Ni(OH)$_2$ 花状微球的循环性能测试图
(a)在电流密度为 50 mA/cm^2 时的恒电流充放电曲线;(b)在不同循环圈数时的比电容值

EIS 分析是检测 SCs 电极材料基本电化学行为的主要方法之一。图 3.7 显示了当频率范围为 100~0.05 kHz、交流扰动电压为 5 mV 时,分等级 β-Ni(OH)$_2$ 花状微球的 EIS 图。该阻抗曲线包括一个半圆弧和一条直线,与实轴阻抗(Z')的截距称为电极内阻,该电阻包括电解质离子电阻、活性物质固有电阻以及活性物质/集流体界面上的接触电阻,图中显示的电极内阻为 0.47 Ω,表明 β-Ni(OH)$_2$ 微球具有良好的电化学导电性。高频区的半圆弧半径大小与电极的表面性能有关,被称为电荷转移电阻,由图可知 β-Ni(OH)$_2$ 微球的电荷转移电阻较小,这是由于 β-Ni(OH)$_2$ 微球整齐的分等级结构和纳米片彼此交叉形成的多孔,提供了便捷的离子运输通道,降低了在氧化(还原)过程中 OH$^-$ 嵌入(脱出)对活性物质 β-Ni(OH)$_2$ 微观结构的破坏,从而提高了其赝电容特性。

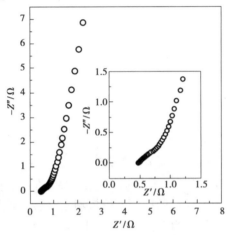

图3.7 分等级 β-Ni(OH)$_2$ 花状微球的阻抗图(含内插图)

3.4 本章小结

本章采用水热法通过 L-arginine 辅助合成了分等级 β-Ni(OH)$_2$ 花状微球。该微球由纳米片按一定的次序彼此交错堆叠而成,L-arginine 的存在对制备出新型的 β-Ni(OH)$_2$ 分等级结构起到了重要的作用。当电流密度为 5 mA/cm^2 时,β-Ni(OH)$_2$ 电极表现出良好的比电容(1 048.5 F/g),经过 500 圈充放电循环测试后,其比电容仅衰减了 9.2%,显示出优异的循环稳定性。β-Ni(OH)$_2$ 微球突出的电化学性能归因于其分等级的微观结构、多孔性和良好的电子通道。因此,这种绿色环保的、产率高的合成分等级 β-Ni(OH)$_2$ 花状微球的方法可以推广到制备其他具有分等级结构的无机材料中。

第4章 分等级 β-Ni(OH)$_2$ 空心微球的制备及其电化学性能研究

4.1 引 言

近年来,空心微球结构以其新颖的几何结构、低密度、良好的渗透性被广泛应用到电子设备、复合材料、催化剂、生物技术、药物缓释、光子晶体、气体传感器等领域[134]。如此广泛的应用不仅依赖于材料的种类和空心微球的尺寸,还依赖于组装微球的结构单元的性质[220]。一系列空心微球如 ZnO、TiO$_2$、CeO$_2$、La$_2$O$_3$、Co$_3$O$_4$、SiO$_2$、In$_2$S$_3$[133]被报道出来,在各种空心微球结构中,分等级空心微球以其独特的形貌和新颖的空间构型被认为是纳米级设备中最有前途的结构设计。

众所周知,Ni(OH)$_2$晶体以其高赝电容和高倍率特性成了一种理想的电极材料,其中 Ni(OH)$_2$ 的尺寸及形貌对其电化学性能的提升起到了重要作用[153]。如果将 Ni(OH)$_2$ 分等级空心微球作为电极材料,由于其拥有更大的比表面积,可提供更多的电化学活性位点,从而大幅度提高其电化学性能。因此研制一种简单、温和的合成方法来制备具有分等级空心结构的 Ni(OH)$_2$ 引起了人们的广泛关注。

如今,通过软、硬模板法制备空心微球的方法有很多种,但多数模板法都较为复杂,不但模板难以去除,而且对环境有一定的危害[221]。L-lysine 作为一种重要的生物分子,不仅能影响真核细胞的基因表达,而且对无机晶体材料的生长有显著的作用[222]。L-lysine 上的—NH$_2$ 和—COOH 对无机阳离子有较强的协调能力,所以对晶体的生长有良好的导向作用和自组装诱导功能[223],被用于合成各种结构,如纳米级晶体[224]、纳米线[196]、介孔结构[225]和针状纳米颗粒[226],但是 L-lysine 作为晶体生长修饰剂辅助制备分等级 β-Ni(OH)$_2$ 空心微球的报道较少。

本章通过 L-lysine 辅助水热合成法制备分等级 β-Ni(OH)$_2$ 空心微球。该方法简单易行、价格低廉且环境友好性高,能通过一系列不同反应时间的实验来研究空心微球的形成机理以及 L-lysine 的诱导作用,并对产物进行电化学测试分析。

4.2 实验部分

4.2.1 分等级 β-Ni(OH)$_2$ 空心微球的制备

首先将 0.475 g NiCl$_2$·6H$_2$O 和 0.22 g L-lysine 溶解于 40 mL 蒸馏水中,然后将 2 mL 25% 氨水逐滴滴加到该混合溶液中,磁力搅拌 20 min,再将该反应液放入 100 mL 反应釜中于 180 ℃下反应 6 h,所得产物经离心、水洗后,在 60 ℃干燥 12 h。

为了进一步对比,另一组未加 0.22 g L-lysine、其他参数不变的平行实验同时进行。

4.2.2 电极的制备和电化学表征

将 Ni(OH)$_2$ 粉末、活性炭、乙炔黑和聚四氟乙烯(PTFE)以 75:10:10:5 的比例混合,加入少量乙醇,超声成均匀的糊状,涂在泡沫镍电极片(1 cm × 1 cm)上,在 60 ℃干燥 8 h 制成工作电极。Ni(OH)$_2$ 样品的质量大约为 7 mg。所有电化学测试使用的是 CHI660D 电化学工作站,该活性物质的电化学性能在三电极体系下进行测试,其中活性物质电极(1 cm^2)为工作电极,1 cm^2 铂片为对电极,饱和甘汞电极(SCE)为参比电极。电解液为 6 mol/L KOH 水溶液。循环伏安法的电压测试范围为 0~0.5 V,恒电流充放电的电压测试范围为 0~0.38 V。

4.3 结果与讨论

4.3.1 材料表征

图 4.1 为在不同反应时间下,通过 L-lysine 辅助合成和未加 L-lysine 合成产物的 XRD 谱图。从图中可以看出,这些样品的主要衍射峰的位置与六方晶系 β-Ni(OH)$_2$ 的标准卡片(JCPDS No. 14-0117,空间群 P-3m1)一一对应,没有任何反应物或中间产物的杂峰出现,表明产物为高结晶度和高纯度的 β-Ni(OH)$_2$ 晶体。如图 4.1 中曲线 a 所示,相对低的衍射峰强度可能是由于样品在反应初始阶段结晶度低;随着反应的进行,衍射峰强度逐渐变强,表明样品的结晶程度也随之增加,如图 4.1 中曲线 b 所示;2 h 后,获得了高结晶度的六方相 β-Ni(OH)$_2$ 如图 4.1 中曲线 c 所示;随着反应时间的增加,衍射峰的强度变化微弱,如图 4.1 中曲线 d—g 所示。另外,与未加 L-lysine 制备的 β-Ni(OH)$_2$ 相比,如图 4.1 中曲线 h 所示,L-lysine 辅助合成的 β-Ni(OH)$_2$ 中的 (101) 晶面衍射峰强度显著增加,而(001) 晶面的衍射峰强度却变弱了。这可

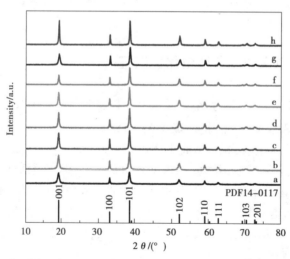

图 4.1 在不同反应时间下 L-lysine 辅助合成 Ni(OH)$_2$ 样品的 XRD 谱图
30 min(曲线 a);1 h(曲线 b);2 h(曲线 c);3 h(曲线 d);4 h(曲线 e);5 h(曲线 f);
6 h(曲线 g);经 6 h 反应后未添加 L-lysine 合成的对比样品(曲线 h)

第4章 分等级 β-Ni(OH)₂ 空心微球的制备及其电化学性能研究

能是由于 L-lysine 选择性吸附在(001)晶面上，抑制晶体沿着[001]方向生长，所以晶粒沿着[101]方向生长明显快于其他方向，如[001]方向。

利用 SEM 和 TEM 图来研究 β-Ni(OH)₂ 的微观结构。图 4.2 为产物的 SEM 图和 EDS 谱图。如图 4.2(a) 所示，产物为大量的相对统一的空心微球，其中一些开口的微球表明样品具有空心结构，在下面 TEM 图中得到了进一步

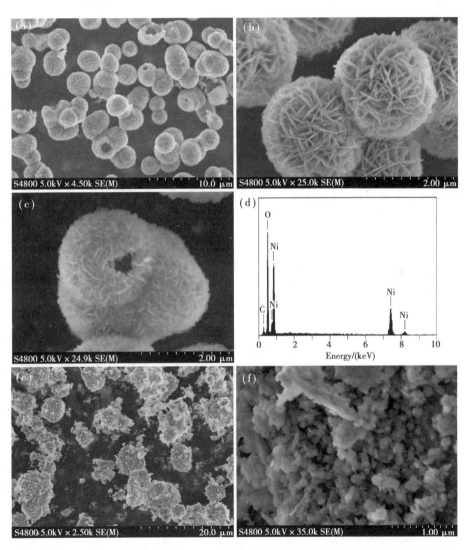

图 4.2 (a)(b)(c) 分等级 β-Ni(OH)₂ 空心微球在不同放大倍数下的 SEM 图；(d) 分等级 β-Ni(OH)₂ 空心微球的 EDS 图；(e)(f) 未添加 L-lysine 所得产物的 SEM 图

的验证。此外,该微球由许多薄片状 Ni(OH)$_2$ 微晶组成。由高放大倍数的 SEM 图[图4.2(b)]可知,β-Ni(OH)$_2$ 的分等级结构,是由彼此交错的纳米片组成的直径为 1.8～2.2 μm 的鸟巢状微球。图4.2(c)中一个典型的破口微球表明了其空腔结构,从该微球的边缘可以看出样品是由很多交叉的纳米片组成的。EDS 谱图[图4.2(d)]中显示出 O 元素和 Ni 元素的峰,说明产物中有这两种元素存在。图4.2(e)和图4.2(f)为未加 L-lysine 制备的 β-Ni(OH)$_2$ 的 SEM 图,从图中可以看出,产物为大量不规则的类球形颗粒,并没有出现 Ni(OH)$_2$ 空心微球。结果表明 L-lysine 在控制 β-Ni(OH)$_2$ 的形貌和尺寸上起到了关键作用。

图4.3 为 β-Ni(OH)$_2$ 的 TEM 图,用来进一步表征 β-Ni(OH)$_2$ 的分等级空心微观结构。如图4.3(a)所示,深色边缘和浅色中心的鲜明对比表明产物为空心结构。由单个 Ni(OH)$_2$ 空心微球的 TEM 图[图4.3(b)]可以看出,微球内部有一个明显的空腔,并且四周是由许多纳米片自组装排列而成的外壳。从图4.3(c)微球边缘中看到多个突出纳米片,证明 Ni(OH)$_2$ 是由大量的纳米片交叉组成的,此结果与 SEM 图(图4.2)一致。从 HRTEM 图[图4.3(d)]中可以看到清晰的晶格条纹,说明样品具有良好的结晶度,两个相邻晶格条纹之间的距离为 0.44 nm,这与 β-Ni(OH)$_2$(001)晶面间距 d_{001} 值(JCPDS No. 14-0117)相同,表明合成产物为 β-Ni(OH)$_2$。

图4.4 为分等级 β-Ni(OH)$_2$ 空心微球的 N$_2$ 吸附/脱附等温线及相应的孔径分布图。这条等温线归类为Ⅳ型,在更大的相对压力范围(0.6～1.0)下,出现了明显的滞后环,说明该产物中有介孔存在[213]。样品的 S_{BET} 和总孔体积值分别为 47 m^2/g, 0.17 cm^3/g。孔尺寸分布图(内插图)说明介孔尺寸分布在 4～31 nm,平均孔直径为 14 nm。孔径分布较宽与彼此堆垛的 β-Ni(OH)$_2$ 纳米晶形成的孔隙空间有关,这种多孔结构为反应物进入 β-Ni(OH)$_2$ 内部提供了有效的运输通道,可以显著提高其电化学性能。

4.3.2 分等级 β-Ni(OH)$_2$ 空心微球的形成机理

为了更好地研究分等级 β-Ni(OH)$_2$ 空心微球的形成机理,本章进行了一系列不同反应时间的对比实验,通过研究 β-Ni(OH)$_2$ 生长过程中的形貌变化来阐述分等级空心微球的形成机理(图4.5)。从图4.5(a)可知,在反应初始阶段(30 min),β-Ni(OH)$_2$ 为不规则的薄纳米片和纳米颗粒。经过 1 h 反应后[图4.5(b)],这些纳米颗粒逐渐优先生长成纳米片,并在氨气气泡表面堆积,自组装成空心微球来降低总表面能。反应继续进行[图4.5(c)],越来越多的薄片层层组装成空心微球,直径大约为2 μm,同时纳米颗粒完全转化为小纳米片。当时间延长到3 h[图4.5(d)],整个分等级结构基本成形。从图4.5(e)中可以看出纳米片疏松地彼此堆垛在一起,通过Ostwald熟化过程,中心空白越来越明显。当反应时间到5 h时[图4.5(f)],纳米片会逐渐增多,向外凸出生长成中空微球。随着时间的延长,纳米片会越来越紧密地交织生长在一起,从而分等级空心微球体积逐渐变大。

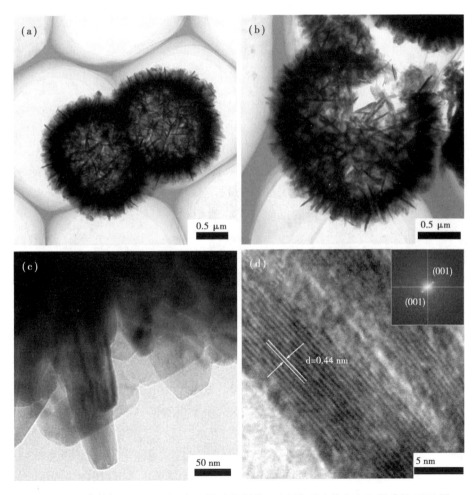

图4.3 (a)分等级 β-Ni(OH)$_2$ 空心微球的低倍 TEM 图;(b)单个空心微球的 TEM 图;(c)空心微球边缘的 TEM 图;(d)空心微球的 HRTEM 图(内插图为相应的 FFT 图)

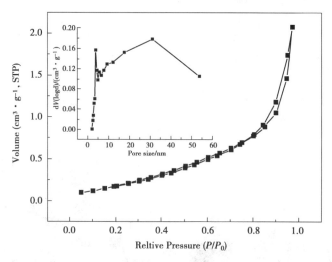

图 4.4 分等级 β-Ni(OH)₂ 空心微球的氮气吸附/脱附等温线（内插图为相应的孔径分布图）

反应中若不加 L-lysine 就生成了不规则的 Ni(OH)₂ 实心球,可知 L-lysine 在生成分等级 β-Ni(OH)₂ 空心微球的过程中起到了非常重要的作用。基于以上结果,在形成空心过程的反应与实心球相同[227],如式(3-1)、式(3-2)和式(3-3)所示。

在水热反应过程中,首先 Ni^{2+} 形成 $[Ni(NH_3)_6]^{2+}$[式(3-1)],然后与氨水中释放的 OH^- 结合生成 Ni(OH)₂ 六方相纳米颗粒[式(3-2)和式(3-3)],在反应过程中,L-lysine 通过轻微降低 pH 值来起缓冲作用[228]。L-lysine 的等电点为 9.74,低于混合溶液的 pH 值(12.0)。在碱性环境中,—COOH 去质子化使得氨基酸表面带负电,通过静电吸引作用紧密吸引 $[Ni(NH_3)_6]^{2+}$,在此区域引起 $[Ni(NH_3)_6]^{2+}$ 大量富集。随着 OH^- 的逐渐增加,在 L-lysine 的—COO^- 基团附近的 β-Ni(OH)₂ 达到过饱和状态,氨基酸为 β-Ni(OH)₂ 生长提供了成核位点,同时降低了表面能,有益于空心微球的形成[229]。另外,L-lysine 能够改变 Ni(OH)₂ 晶体的长宽比,修饰其生长方向[230]。它可以选择性地吸附在特定晶面上,影响结构单元在此晶面上的堆砌,从而影响晶体沿着此特定方向的生长。从加入 L-lysine 辅助合成 β-Ni(OH)₂ 的 XRD 图中可以看出,L-lysine 优先吸附在 β-Ni(OH)₂ 的(001)晶面,然后抑制(001)晶面的生长速率,导致晶体沿着[101]方向生长的速率快于沿[001]方向的。基于 Ostwald 熟化效应,外部的团聚体形成纳米片沿着[101]方向优先生长,这是由氨基酸

第 4 章 分等级 β-Ni(OH)$_2$ 空心微球的制备及其电化学性能研究

上的氨基和羧基共同作用引起的,这些作用包括氢键、静电吸引、协同作用等[231]。与其他氨基酸相比,L-lysine 具备一个多余的氨基基团用于诱导产生带有尖锐底部的纳米片,如图 4.3 所示。最后,纳米片构筑成有序的 Ni(OH)$_2$ 分等级空心结构。所以,引入 L-lysine 作为晶体生长修饰剂时,其电离态、类型、官能团的长度和内在电场都影响了 Ni(OH)$_2$ 晶体的生长。

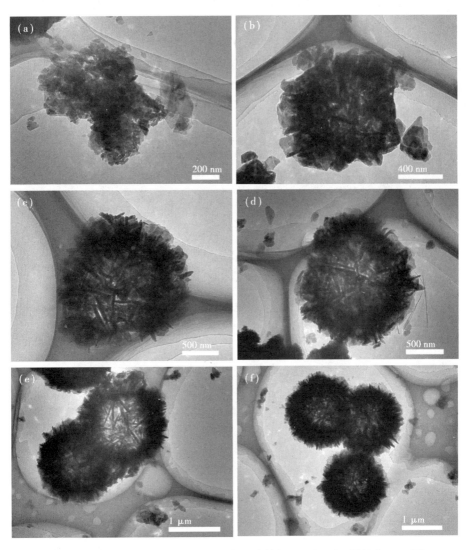

图 4.5　180 ℃时在不同反应时间下制得分等级 β-Ni(OH)$_2$ 样品的 TEM 图
(a)30 min;(b)1 h;(c)2 h;(d)3 h;(e)4 h;(f)5 h

图4.6 为分等级 β-Ni(OH)$_2$ 空心微球的形成机理图。首先,刚生成的类球状无定形 β-Ni(OH)$_2$ 聚集在氨水热分解后产生的大量氨蒸气的气泡表面,从而降低总体的表面能。随后,更多的微晶聚集在气泡表面形成纳米片,在 L-lysine 外部官能团的作用下微晶优先沿着 [101] 方向生长。同时,较小的微晶逐渐合并成大的晶体,在结晶的过程中纳米片彼此交叉生长,自组装成大量的球状空心结构。随着 Ostwald 熟化过程的深入,中心的空腔会逐渐变大。另一方面,在晶体生长过程中,L-lysine 附着在微球表面,通过其羧基基团与 [Ni(NH$_3$)$_6$]$^{2+}$ 的相互作用来控制 β-Ni(OH)$_2$ 空心微球的尺寸[232]。然而,一些微球的外壳比较薄弱,不足以包裹住气泡,气体会从最薄弱的地方逸出,在外壳表面上形成缺口。

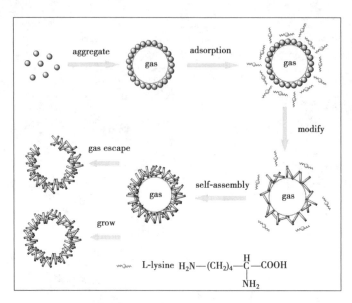

图4.6 分等级 β-Ni(OH)$_2$ 空心微球的形成机理示意图

4.3.3 电化学性能研究

为了研究这些独特 β-Ni(OH)$_2$ 空心微球的电化学性能,循环伏安和充放电测试被用于探讨其电容行为。图 4.7 展示了 β-Ni(OH)$_2$ 在扫描速率区间为 5~50 mV/s,电势区间为 0~0.5 V 的循环伏安曲线。每条 CV 曲线中都存

第4章 分等级 β-Ni(OH)₂ 空心微球的制备及其电化学性能研究

在一对氧化还原峰,说明其电容特性与传统的双电层电容不同,对应着 Ni 不同氧化态之间的相互转化,化学反应方程式如下[233]:

$$Ni(OH)_2 + OH^- \longleftrightarrow NiOOH + H_2O + e^- \quad (4.1)$$

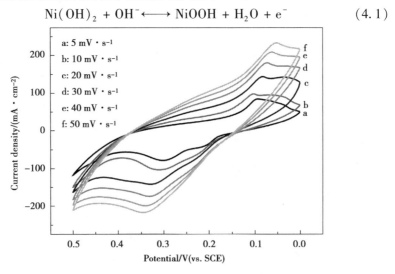

图 4.7 扫速为 5~50 mV/s 时的分等级 β-Ni(OH)₂ 空心微球电极材料 CV 图

CV 曲线显示比电容主要来源于 Ni(OH)₂ 的法拉第氧化还原反应。随着扫速的增加,氧化还原电流增大,CV 曲线形状变化较小,在不同扫速下的电势反转处都会出现快速的电流响应,说明分等级 β-Ni(OH)₂ 空心微球具有良好的电化学活性。

电极材料的比电容可通过充放电曲线来计算,公式如下:

$$C_{sp} = \frac{it}{(\Delta v)m} \quad (4.2)$$

其中,i,t,Δv 和 m 分别为恒电流(A),放电时间(s),总电势差(V)和活性物质质量(g)。

图 4.8 为分等级 β-Ni(OH)₂ 空心微球在 6 mol/L 的 KOH 溶液中,当恒电流密度为 5 mA/cm²,电势为 0~0.33 V 时的首次充放电曲线。如图所示,两条放电曲线都包括两个电压阶段:一个快速电势降阶段(0.33~0.31 V)和一个缓慢电势平台阶段(0.31~0.10 V)。第一个电势降是由内阻造成的,随后的电势降则表现出了电极的赝电容特性。放电曲线明显不是一条直线,说明电容主要来源于 Ni(OH)₂ 中 Ni²⁺ 发生的氧化还原反应。在相同的电流密度下,分等级 β-Ni(OH)₂ 空心微球的放电时间明显长于对比样品的放电时间。当电流密度为 5 mA/cm² 时,分等级 β-Ni(OH)₂ 空心微球和对比样品电极的首次放电比电容分别为 1 382.73 F/g 和 921.95 F/g。与相应的对比样品和前

一章的花状微球相比,分等级 β-Ni(OH)₂ 空心微球的比电容有了显著的提高,这主要归因于其独特的形貌。由于法拉第反应发生在电活性物质的表面,分等级 β-Ni(OH)₂ 空心微球及部分开口微球为 OH⁻ 和水分子进入 Ni(OH)₂ 的边缘晶面和样品内部提供了良好的通道。部分破口 Ni(OH)₂ 空心微球的开口结构可以提高电极材料和电解液的接触面积,从而充分利用电化学活性物质来增加电容。

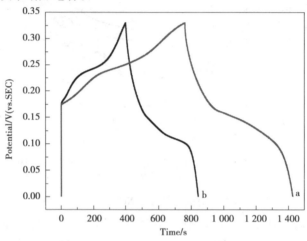

图 4.8　在恒电流密度为 5 mA/cm² 时,分等级 β-Ni(OH)₂
空心微球电极(曲线 a)和对比样品电极首次充放电的对比图(曲线 b)

图 4.9 展示的是分等级 β-Ni(OH)₂ 空心微球在不同电流密度下,电压范围为 0~0.38 V 的放电曲线。当电流密度为 5,10,20,30,40,50 mA/cm² 时,分等级 β-Ni(OH)₂ 空心微球的放电比电容分别为 1 398.5,1 101.3,969.9,878.2,734.6 和 622.1 F/g。随着放电电流密度的增加,比电容降低,这归因于在高电流密度下,内部难以接近的活性位点不能彻底发生氧化还原反应,而在低电流密度下,更易充分利用活性物质发生氧化还原反应。

图 4.10 给出了分等级 β-Ni(OH)₂ 空心微球在电压范围为 0~0.38 V,电流密度为 50 mA/cm² 时的恒电流充放电循环性能测试图。从图中可知,经过 1 000 圈充放电循环后,其比电容仍保持初始电容的 92.3%。在充放电的开始阶段,随着活性物利用率的增加,电容有所提高。经过连续重复的充放电循环,分等级 β-Ni(OH)₂ 空心微球电极内部的 Ni 活性位点越来越多地暴露在电解液中,进而获得最大比电容(634 F/g)。从图 4.10 内插图中可以看出,每次充放电的库仑效率接近 100%。以上结果表明,作为赝电容器电极材料,分等级 β-Ni(OH)₂ 空心微球具有良好的循环性能。分等级 β-Ni(OH)₂ 空心

第4章 分等级 β-Ni(OH)₂ 空心微球的制备及其电化学性能研究

微球之所以具有如此优异的循环性能和超高的比电容,主要是因为 L-lysine 作为晶体生长修饰剂不仅有助于生产出分等级结构,缩短电解质离子扩散路径,使电解质离子与更多有电活性的 Ni(OH)₂ 纳米片接触,而且还能为 OH⁻提供强大的支撑,使其在高电流密度下发生充分的氧化还原反应用于储能。

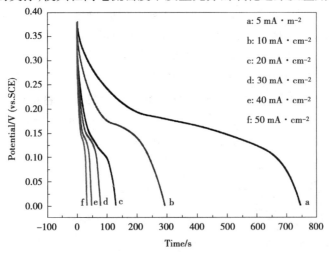

图 4.9 在不同电流密度下分等级 β-Ni(OH)₂ 空心微球的放电曲线图

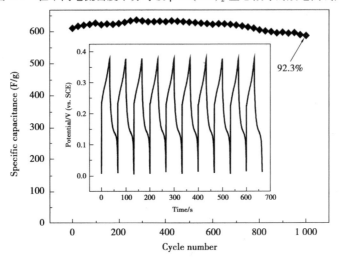

图 4.10 分等级 β-Ni(OH)₂ 空心微球在电流密度为 50 mA/cm² 时的循环性能测试图(内插图为 50 mA/cm² 时的充放电曲线图)

4.4　本章小结

本实验通过一种简单、可靠的 L-lysine 辅助水热合成法制备出分等级 β-Ni(OH)$_2$ 空心微球,提出了在气泡表面形成新型分等级空心结构的组装机理。β-Ni(OH)$_2$ 空心微球由许多彼此交叉的纳米片组成,其中 L-lysine 通过控制 β-Ni(OH)$_2$ 晶体的生长比例来调控分等级空心微球的形成。与对比样品相比,分等级 β-Ni(OH)$_2$ 空心微球表现出超高的比电容和良好的倍率特性,在电流密度为 5 mA/cm^2 时,其最大比电容为 1 398.5 F/g,当在 50 mA/cm^2 的高电流密度下,经过1 000圈充放电循环后电容损失率仅为 8%。因此,具有分等级结构的空心微球电极材料以其优异的电化学性能在超级电容器和锂离子电池领域都有着广阔的应用前景。

第 5 章 Graphene/Ni(OH)$_2$ 复合物的制备及其电化学性能研究

5.1 引 言

石墨烯以其优异的电化学导电性和机械灵活性,被认为是用于电化学装置如锂离子电池、太阳能电池和超级电容器最理想的碳材料之一[234]。石墨烯是一种导电的、柔韧的活性电极材料,它不仅可以作为生长其他功能性材料的有效基底,还可以用于连接导电性物质到外部集流体上[92]。现今,科研工作者们研究重点逐渐转向掺杂赝电容材料的石墨烯复合物领域,如将导电聚合物、碳纳米管、过渡金属(氢)氧化物负载到石墨烯纳米片上,以达到降低成本、增加功率密度和能量密度的目的[235]。在这些材料中,Ni(OH)$_2$ 以其低价、易于合成、高比电容、环境相容性好和易取材等优势被认为是非常有发展前景的电极材料[167]。纳米级 Ni(OH)$_2$ 能够提高其快速氧化还原反应能力,缩短离子扩散路径,对电解液有效进入电极发生双电层电容和赝电容反应起到了重要的作用。另外,团聚较少的石墨烯使电解液更易渗透进层间,从而使其致电化学性能显著提高[236]。因此设计合成具有不同尺寸和形貌的 graphene/Ni(OH)$_2$ 复合物引起了科研工作者的广泛关注。然而,传统的纳米复合物合成方法包括机械混合法和化学混合法,易产生构成相的随机分布,graphene/Ni(OH)$_2$ 复合物中随机负载的现象也较多,缺乏对 Ni(OH)$_2$ 纳米粒子空间精确排布的控制。由于机械混合法和部分化学方法将多相物质不恰当地融合在一起,造成可控合成 graphene 和 Ni(OH)$_2$ 的复合结构体系困难,所以研究出使纳米级、高分散性的 Ni(OH)$_2$ 均匀生长在石墨烯片上的合成方法对提高 graphene/Ni(OH)$_2$ 复合物电化学特性和循环稳定性有重要意义。

本实验通过简单、绿色的合成方法制备 graphene/Ni(OH)$_2$ 复合物,使用葡萄糖作为还原剂具有环境友好性,该还原剂使 graphene 上剩余一定量的含氧官能团,主要包括羟基和环氧基团。由于这些羟基和环氧基团提供了适当的活性位点,将 graphene 放入 Ni(NO$_3$)$_2$·6H$_2$O 溶液中时,Ni^{2+} 可以快速吸附到 graphene 表面,然后在 Ni 原子和羟基/环氧基团之间形成氧桥。加入一定比例的氨水后,新生成的 Ni(OH)$_2$ 纳米粒子随之均匀地负载在 graphene 表面上,所以在石墨烯/氢氧化物体系中,含氧官能团对增加界面相互作用产生了特殊的影响。本章对该 graphene/Ni(OH)$_2$ 复合物的电化学性能进行了研究,并深入探讨了复合物纳米结构和 Ni(OH)$_2$ 粒子分散性对电化学活性的影响。

5.2 实验部分

5.2.1 Graphene 的制备

GO 是由片状石墨粉通过改良的 Hummers 法合成的[99]。与传统的水合肼作为还原剂相比,葡萄糖具有低毒、环保的特性[237]。首先,将 2 g 葡萄糖加入 250 mL 均匀分散的 GO 溶液(0.5 mg/mL)中,磁力搅拌 30 min。然后,将 1 mL 氨水溶液加入到上述分散液中,在 95 ℃下磁力搅拌 60 min,水洗后得到的 graphene 产物可以分散在水中为之后使用作准备。

5.2.2 Graphene/Ni(OH)$_2$ 复合物的制备

Graphene/Ni(OH)$_2$ 复合物是由原位生长法制得的。首先,将 2.32 mg 石墨烯和 72.7 mg Ni(NO$_3$)$_2$·6H$_2$O 溶解于 10 mL 蒸馏水中,超声 1 h。然后缓慢加入 0.2 mol/L 氨水,磁力搅拌 15 min,所得沉淀经过水洗后,与 0.3 g 乙酸钠共同放入高压反应釜中,再加入 16 mL 溶剂(水:乙二醇 = 1:1, V/V),加热至 200 ℃反应 24 h。最后,黑色沉淀经过过滤、水洗、醇洗后,在 60 ℃真空干燥箱中干燥 12 h。作为对比,不加石墨烯纳米片,使用相同方法制备纯 Ni(OH)$_2$ 样品。

5.2.3 电极的制备和电化学表征

工作电极按如下方法制备:将 graphene/Ni(OH)$_2$、乙炔黑和聚四氟乙烯(PTFE)以 75∶20∶5 的比例混合,用抹刀将该混合物涂在泡沫镍基底(10 mm × 10 mm × 1.0 mm)上,在 60 ℃真空干燥箱中干燥 8 h。此电极电化学活性物质的质量为 6 mg。测试 graphene/Ni(OH)$_2$ 复合物电化学性能使用的是三电极体系,其中 1 cm^2 铂电极作对电极,SCE 作参比电极。所有的测试是在 CHI660D 电化学工作站进行的,6.0 mol/L KOH 溶液作为电解液,循环伏安曲线测试的电势区间为 0～0.6 V(vs. SCE),充放电测试的电势区间为 0～0.52 V(vs. SCE)。

5.3 结果与讨论

5.3.1 材料表征

图 5.1 为 GO、graphene、纯 Ni(OH)$_2$ 及 graphene/Ni(OH)$_2$ 复合物的对比 XRD 谱图。对于 GO 曲线,在 10.9°处出现了较强的特征衍射峰,对应了 GO 的(001)晶面,如图 5.1 中曲线 a 所示。当 GO 被葡萄糖还原成 graphene 时,大部分的含氧官能团被去除。如图 5.1 中曲线 b 所示,在 10.9°处的特征衍射峰消失,在 24.6°附近处出现了较宽的石墨烯(002)晶面的衍射峰,说明 GO 已被还原,生成了层状的石墨烯纳米片。虽然层间距从 GO 的 0.81 nm 缩小到 graphene 的 0.36 nm,但仍比天然石墨的层间距(0.34 nm)略大,这是由于存在少量的含氧官能团和氢原子,表明 graphene 还原不彻底。对于纯 Ni(OH)$_2$ 曲线,特征衍射峰分别出现在 19.6°、33.3°、38.4°处,分别对应着六方晶系 β-Ni(OH)$_2$ 的(001)、(100)及(101)晶面(图 5.1 中曲线 c,JCODS No. 14-0117)。如图 5.1 中曲线 d 所示,graphene/Ni(OH)$_2$ 复合物的衍射峰与纯 Ni(OH)$_2$ 相似,GO(001)衍射峰和 graphene(002)衍射峰消失,表明复合物中存在剥离的石墨烯。与纯 Ni(OH)$_2$ 相比,graphene/Ni(OH)$_2$ 的衍射峰强度较弱,显示出该复合物的结晶度较差。

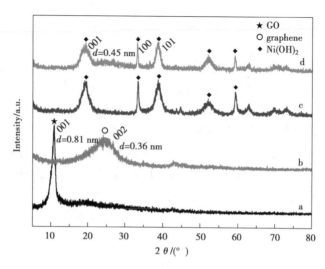

图 5.1　GO(曲线 a)、graphene(曲线 b)、Ni(OH)$_2$(曲线 c)和 graphene/Ni(OH)$_2$ 复合物(曲线 d)的 XRD 对比图

图 5.2 给出了 graphene 和 graphene/Ni(OH)$_2$ 复合物的 XPS 图。与 graphene 相比,graphene/Ni(OH)$_2$ 复合物的 XPS 谱图[图 5.2(a)]除了较弱的 O 1s 和 C 1s 峰,还呈现出一个 Ni 2p 峰,说明复合物中存在 Ni(OH)$_2$。在 graphene 的 C 1s XPS 谱图中[图 5.2(b)],从以下碳原子所在的 4 种不同官能团成分:C—C(284.5 eV)、C—O(286.5 eV)、C═O(287.7 eV)和 O═C—O(289.1 eV)[238]可以看出其氧化程度,表明未还原彻底,在石墨烯表面上仍含有部分剩余的含氧官能团。Graphene/Ni(OH)$_2$ 复合物的高分辨率 C 1s XPS 谱图见图 5.2(c),由图可知,该复合物含有与 graphene 相同的官能团。然而在 287.7 eV 处,C═O 峰的峰强明显减弱,表明环氧基团可能发生了开环反应,并与 Ni(OH)$_2$ 中的 Ni^{2+} 生成了 C—O—Ni 键[239]。在 Ni 2p XPS 谱图[图 5.2(d)]中可以看出,在 873.7 eV 和 856.1 eV 处出现了两个峰,分别对应着 Ni 2p$_{1/2}$ 和 Ni 2p$_{3/2}$ 峰,二者之间的能量差为 17.6 eV,都满足 Ni(OH)$_2$ 相的特征[240]。图中另外两个 879.6 eV 和 861.1 eV 的峰,则分别对应着 Ni 2p$_{1/2}$ 和 Ni 2p$_{3/2}$ 伴随峰。

第5章 Graphene/Ni(OH)₂复合物的制备及其电化学性能研究

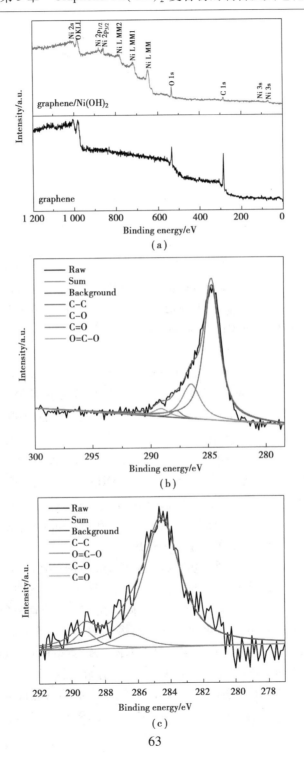

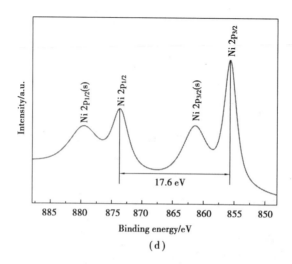

图 5.2 纯 graphene 和 graphene/Ni(OH)$_2$ 复合物的 XPS 谱图
(a) XPS 对比谱图；(b) graphene 的 C 1s 谱图；(c) graphene/Ni(OH)$_2$ 复合物的 C 1s 谱图；(d) graphene/Ni(OH)$_2$ 复合物的 Ni 2p 谱图

图 5.3 为 GO、graphene 和 graphene/Ni(OH)$_2$ 复合物的 Raman 光谱图。GO、graphene 和 graphene/Ni(OH)$_2$ 复合物三者 D 带与 G 带峰强的相对比值(I_D/I_G)分别为 0.92、0.97、0.99。I_D/I_G 强度比的逐渐增加,说明了 C 原子 sp^2 平面区域的减少和氧化石墨片上含氧官能团去除程度的增大[241]。与 graphene 相比,由于部分 Ni(OH)$_2$ 插入石墨烯片层中,graphene/Ni(OH)$_2$ 复合物中具有更多的无序碳结构[242]。graphene/Ni(OH)$_2$ 复合物在 361 cm^{-1} 和 534 cm^{-1} 处出现了两个拉曼伸缩振动峰,分别对应着 Ni(OH)$_2$ 中 E_u(T) 和 A_{2u}(T) 的晶格振动(图 5.3 中曲线 c)[243]。XPS 和 Raman 的测试结果表明 Ni(OH)$_2$ 纳米粒子成功地负载到了石墨烯片上。

热重量分析法(TGA)通过热分解来分析 graphene/Ni(OH)$_2$ 复合物的各组分含量。图 5.4 显示了 graphene/Ni(OH)$_2$ 的 TGA 和 DCS 曲线。在 250 和 420 ℃ 之间,出现了一个陡峭的质量变化,同时在 336 ℃ 处有一个尖锐的放热峰,这是 Ni(OH)$_2$ 热分解转化成 NiO 和石墨烯纳米片完全燃烧造成的[244]。石墨烯热分解温度的降低(从 GO 的 593 ℃ 降低到 graphene/Ni(OH)$_2$ 的 335 ℃),可能与金属中心的催化性能有关[245]。经分解后,剩余产物为 NiO,质量为原 graphene/Ni(OH)$_2$ 复合物的 79.4%,由此可知,Ni(OH)$_2$ 和 graphene 在 graphene/Ni(OH)$_2$ 复合物中的质量分数分别为 92.9% 和 7.1%。

第 5 章 Graphene/Ni(OH)$_2$ 复合物的制备及其电化学性能研究

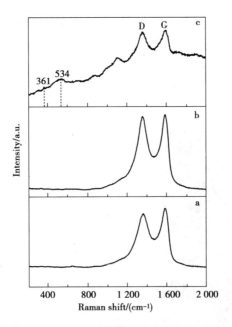

图 5.3 GO(曲线 a)、graphene(曲线 b)和 graphene/Ni(OH)$_2$ 复合物(曲线 c)的 Raman 谱图

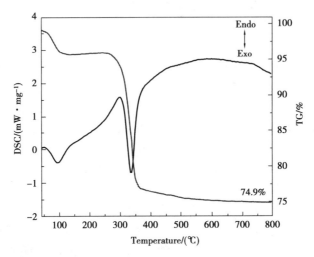

图 5.4 在空气气氛中所得的 graphene/Ni(OH)$_2$ 复合物的 TG 曲线图和 DSC 曲线图

图 5.5 显示了均匀分散在水中并沉积在云母表面上剥离后的 GO 片 AFM 图。从图中可知,GO 的平均厚度大约为 1.019 nm,该厚度与单层 GO 的厚度一致[234]。与单层石墨烯的理论厚度 0.78 nm 相比 GO 较厚,这是由于其表面上含有大量的含氧官能团[246],由此可知,本实验所制备的石墨烯具有理想单原子层结构,适宜作为 $Ni(OH)_2$ 生长的载体。

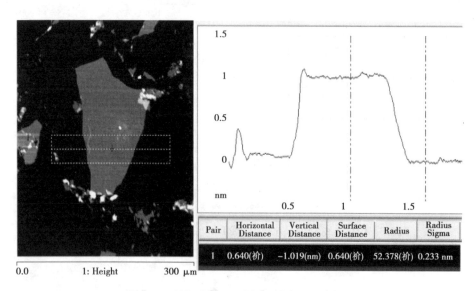

图 5.5 剥离后的 GO 片剖面厚度的 AFM 图

产物的微观形貌见 SEM 和 TEM 图。从图 5.6(a)可以看出,石墨烯表面具有明显的波纹和褶皱,纳米片彼此之间趋于团聚,这是由 graphene 表面上剩余的含氧官能团(环氧基团、羟基、羰基和羧基)之间相互的范德华力造成的[200]。如图 5.6(b)所示,石墨烯片为透明的薄膜,内含许多皱纹和折叠,表明整个纳米片具有优异的柔韧度。从图 5.6(c)和 5.6(d)可知,$Ni(OH)_2$ 是由大量菱形纳米晶组成的,每个纳米粒子的直径在 200~300 nm,其中大多数粒子彼此重叠形成了团聚体。

在 graphene/$Ni(OH)_2$ 复合物的 SEM 和 TEM 图[图 5.6(e)和图 5.6(f)]中,大量单分散的、直径为 10 nm 左右的 $Ni(OH)_2$ 粒子均匀附着在石墨烯片层上。在石墨烯表面的 $Ni(OH)_2$ 纳米晶未出现明显的团聚,而且由于 $Ni(OH)_2$ 的修饰作用,石墨烯纳米片重叠减少,增加了表面积。Graphene、纯 $Ni(OH)_2$ 和 graphene/$Ni(OH)_2$ 复合物的 S_{BET} 分别为 256.61、85.24 和 158.57 m^2/g。由此可知,石墨烯的片状结构不仅阻止了 $Ni(OH)_2$ 纳米粒子的团聚,

第 5 章　Graphene/Ni(OH)$_2$ 复合物的制备及其电化学性能研究

使 Ni(OH)$_2$ 在其表面均匀分布生长,而且对 Ni(OH)$_2$ 的形貌和尺寸产生了重要的影响。Ni(OH)$_2$ 纳米粒子作为稳定剂可有效地阻止石墨烯重叠,避免了

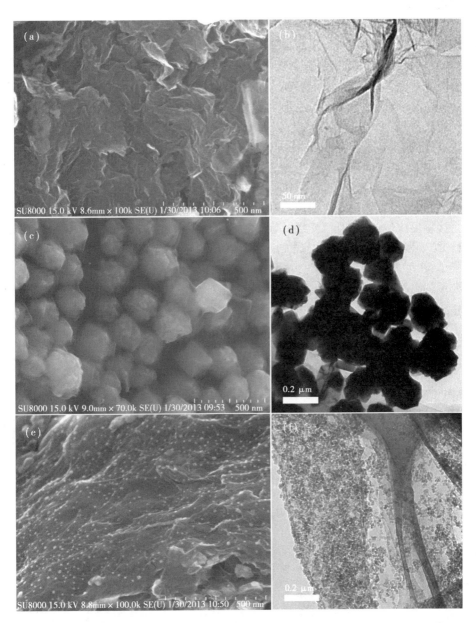

图 5.6　(a)(b) graphene 的 SEM 和 TEM 图;(c)(d) 纯 Ni(OH)$_2$ 的 SEM 和 TEM 图;
(e)(f) graphene/Ni(OH)$_2$ 复合物的 SEM 和 TEM 图

其大量活性面积的损失。复合物独特的纳米结构有益于氧化还原反应过程中电解液离子的良好接触和快速扩散,显著提高其作为超级电容器电极材料的电化学性能。

Graphene/Ni(OH)$_2$ 复合物的形成过程示意图如图 5.7 所示。Graphene 上剩余的羧基基团是在其表面生成 Ni(OH)$_2$ 纳米粒子的前提条件。当 Ni(NO$_3$)$_2$·6H$_2$O 被加入到石墨烯分散液中时,由于 Ni^{2+} 和带负电的剩余含氧官能团之间的静电吸引作用,Ni^{2+} 可以立即吸附到 graphene 表面上,在石墨烯的羟基/环氧基团和 Ni 原子之间形成氧桥[215]。由于 Ni 原子和 O 原子之间的连接作用,大量的电荷积聚在 Ni(OH)$_2$ 和石墨烯的表面上,为电子传递提供高效的迁移路径。在 graphene/Ni(OH)$_2$ 复合物中,石墨烯作为支撑材料,可以提供许多用于 Ni(OH)$_2$ 成核的活性位点,使得直径为 10 nm 左右的 Ni(OH)$_2$ 粒子均匀地生长在 graphene 上。同时,Ni(OH)$_2$ 纳米粒子插入石墨烯层间,可以有效阻止石墨烯纳米片的重叠,保持高活性表面积,有助于增加易接触反应位点。相反,使用相同方法但不加入 graphene 制备纯 Ni(OH)$_2$ 颗粒,结果发现,Ni(OH)$_2$ 纳米粒子(直径约 200 nm)趋于形成大量团聚。由此可见,在形成 Ni(OH)$_2$ 纳米粒子的过程中,graphene 的存在造成了其更小的粒径和高度均匀的分布特性。Graphene 上的含氧官能团提供了 Ni(OH)$_2$ 异相成核位点,并在均匀成核过程中减少了障碍[248],相对独立的含氧基团促进了单分散小纳米颗粒的形成。与纯 Ni(OH)$_2$ 自发成核相比,在 graphene 表面上发生的 Ni(OH)$_2$ 异相成核可以降低成核功,增加成核速率,从而降低 Ni(OH)$_2$ 纳米晶的生长速率[249]。所以,在均匀成核的过程中,生长在 graphene 表面的 Ni(OH)$_2$ 纳米晶粒径较小。由于其特殊的形貌,graphene/Ni(OH)$_2$ 复合物在电容量和循环性能方面都有了显著提高。

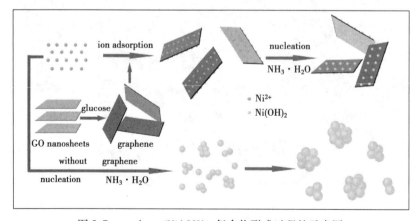

图 5.7　graphene/Ni(OH)$_2$ 复合物形成过程的示意图

5.3.2 电化学性能研究

石墨烯基电极材料的电化学性能用循环伏安、恒电流充放电以及电化学阻抗谱(EIS)来测试分析。EIS 数据采用 Nyquist 图分析,图中每个数据都是在不同频率下测得的。图 5.8(a)展示了 graphene、纯 Ni(OH)$_2$ 和 graphene/Ni(OH)$_2$ 复合物在扫速为 2 mV/s 时的 CV 对比图。Graphene 的 CV 曲线呈现出一个相对常规的矩形,并没有出现任何明显的氧化还原峰,在电势两端电压反转时会产生快速的电流响应,表明 graphene 拥有良好的双电层电容。Graphene/Ni(OH)$_2$ 复合物的 CV 曲线中出现了一对氧化还原峰,这归因于 Ni(OH)$_2$ 的法拉第氧化还原反应。在相同扫速下,graphene/Ni(OH)$_2$ 复合电极比 graphene 和纯 Ni(OH)$_2$ 电极产生了更大的电流密度响应,说明其拥有更高的比电容,这是由于复合物独特的微观结构提高了电解质离子的可到达性。Ni(OH)$_2$ 纳米粒子均匀分散在 graphene 表面上,在快速充放电过程中降低了电解质离子扩散和迁移的路径长度,增加了 Ni(OH)$_2$ 电化学利用率。而且,复合物中 graphene 以其超高的导电性为电子转移提供了路径。对于 graphene/Ni(OH)$_2$ 复合物[图 5.8(b)],随着扫速的增加,CV 曲线并未发生明显的变形,并出现了一对氧化还原峰,其中还原峰大约在 0.25 V,氧化峰大约在 0.5 V,分别对应着 Ni 在不同氧化态之间的转化,化学反应方程式如下[233]:

$$Ni(OH)_2 + OH^- \longleftrightarrow NiOOH + H_2O + e^- \qquad (5.1)$$

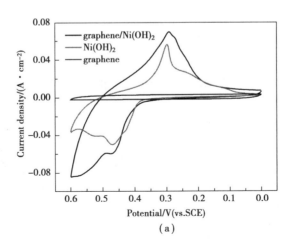

(a)

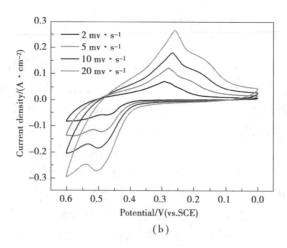

图 5.8 （a）graphene、纯 Ni(OH)$_2$ 和 graphene/Ni(OH)$_2$ 在 2 mV/s 下的 CV 曲线对比图；（b）graphene/Ni(OH)$_2$ 复合物在扫速为 2,5,10,20 mV/s 时的 CV 曲线图

由图可知，由于扫速的增加，氧化峰和还原峰分别发生了轻微的正移和负移，这主要是电极电阻产生极化造成的。另外，当扫速增加时，graphene/Ni(OH)$_2$ 电流也有了显著提高，表明其拥有良好的倍率特性。在不同扫速下（v,V/s），graphene/Ni(OH)$_2$ 样品由 CV 测试所得比电容值（C,F/g）的计算公式如下[250]：

$$C = \frac{1}{vw(V_a - V_c)} \int_{V_a}^{V_c} IV \mathrm{d}V \quad (5.2)$$

其中，w 为 graphene/Ni(OH)$_2$ 样品的质量。Graphene/Ni(OH)$_2$ 复合物在扫速为 2,5,10,20 mV/s 时表现出了高比电容值，分别为 1 953.6,1 444.5,1 107.8,852.6 F/g。纳米级 Ni(OH)$_2$ 粒子与高导电性 graphene 为准可逆的氧化还原反应提供了大的电化学表面积并增加了与 OH$^-$ 的接触概率，使复合物在高扫速下仍能保持高比电容值。

Graphene、纯 Ni(OH)$_2$ 和 graphene/Ni(OH)$_2$ 复合物的对比 EIS 曲线见图 5.9，测试频率为 100～0.01 kHz，交流扰动电压为 10 mV。R_s 代表与电解质离子电阻、基底的固有电阻和活性物质与集流体界面间的接触电阻有关的等效串联电阻（ESR），R_{ct} 代表赝电容电荷转移电阻[234]。Graphene、纯 Ni(OH)$_2$ 和 graphene/Ni(OH)$_2$ 复合物的 R_s 分别为 2.03,2.11,1.83 Ω，复合物的 ESR 最低，说明其在充放电过程中的 IR 降最不明显。Graphene/Ni(OH)$_2$ 复合物的 R_{ct} 为 0.28 Ω，比 graphene（0.54 Ω）和 Ni(OH)$_2$（1.95 Ω）电极都小，这是由

于 Ni(OH)$_2$ 纳米粒子引入石墨烯层间后形成的三维空间结构有助于电解液进入复合物内部。另外,3 个样品在低频区的部分不同,这与电极物质的传质动力学有关。Graphene/Ni(OH)$_2$ 复合电极的低频区直线比其他两条直线更接近 90°,这是由石墨烯的平行板电容器引起的[251],表明其具有较高的电化学活性和快速的离子扩散性。通过阻抗谱图,计算质量比电容的公式如下[252]:

$$C = \frac{2}{2\pi f Z''} \tag{5.3}$$

其中,f 为工作频率(Hz),Z'' 为总装置电阻的虚部(Ω),m 为电极中复合物的质量(g)。通过在最低频率(f = 0.01 kHz)下的 Z'' 值计算出复合物的比电容值为 1 768.4 F/g,该值与通过循环伏安曲线和充放电曲线计算出的比电容值相符,说明 graphene/Ni(OH)$_2$ 复合物有高能量特性和良好的速率响应特性。Ni(OH)$_2$ 均匀地负载在石墨烯表面,石墨烯片彼此交联,通过片层表面接触形成了强大的导电网络。由于这种特殊的空间结构,复合物拥有高导电性、快速电荷转移过程以及在电化学反应中良好的离子扩散作用。

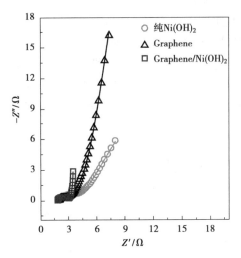

图 5.9　graphene、纯 Ni(OH)$_2$、graphene/Ni(OH)$_2$ 复合物的 Nyquist 图(散射点)和相应的拟合结果(实线)

图 5.10(a)显示了 graphene、纯 Ni(OH)$_2$ 以及 graphene/Ni(OH)$_2$ 复合物在 6.0 mol/L KOH 溶液中,电流密度为 5 mA/cm^2 时的充放电对比图。Graphene 的充放电曲线是高度线性和对称的,具备了理想双电层电容器的典

型特点。Ni(OH)$_2$ 和 graphene/Ni(OH)$_2$ 复合物的放电曲线都包括两个阶段：一个快速电势降阶段(0.52~0.50 V)和一个缓电势降阶段(0.50~0.30 V)。第一个电势降是由内电阻造成的,随后的电势降代表了电极材料的赝电容特性。与直线相比,二者的放电曲线出现了明显的偏差,表明其电容主要来自 Ni(OH)$_2$ 中 Ni 发生的氧化还原反应。恒电流充放电测试用来计算电极比电容,公式如下：

$$C_{sp} = \frac{It}{(\Delta V)m} \quad (5.4)$$

其中 $I, t, \Delta V$ 和 m 分别为恒电流(A),放电时间(s),总电势差(V)和活性物质的质量(g)。当电流密度为 5 mA/cm^2 时,graphene、Ni(OH)$_2$ 以及 graphene/Ni(OH)$_2$ 复合物的比电容分别为 176.2,1 054.3,1 985.1 F/g。与 CV 分析结果相同,graphene/Ni(OH)$_2$ 复合物的比电容远大于单个的 graphene 和 Ni(OH)$_2$,说明二者复合显著提高了电化学性能,且是来自 Ni(OH)$_2$ 组分的赝电容行为和外加 graphene 的电化学双电层电容共同作用的结果。纳米级 Ni(OH)$_2$ 粒子增加了电极/电解液界面面积,加速了氧化还原反应,提供了高电活性区域,缩短了扩散路径。

图 5.10(b)为在不同电流密度下 graphene/Ni(OH)$_2$ 复合物的放电曲线。当电流密度为 5,10,20,30,40,50 mA/cm^2 时,graphene/Ni(OH)$_2$ 复合物的比电容分别为 1 985.1,1 762.8,1 357.2,1 089.3,912.6,831.3 F/g。当在大电流密度 50 mA/cm^2 下时,其比电容仍高达 831.3 F/g,说明复合物拥有良好的倍率特性。由于 graphene 表面上剩余的含氧基团,Ni(OH)$_2$ 纳米粒子可以在

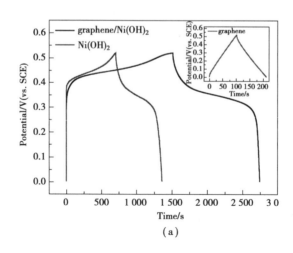

(a)

第 5 章 Graphene/Ni(OH)$_2$ 复合物的制备及其电化学性能研究

其表面均匀负载,有效阻止了 Ni(OH)$_2$ 粒子间的团聚,增大了可接触面积。另一方面,复合物中的 graphene 作为一种高导电基质,为负载纳米级 Ni(OH)$_2$ 提供了一个高表面积的支撑材料,并在适应体积变化中起到强劲的支撑作用。所以,双电层电容和赝电容之间的协同效应使得 graphene/Ni(OH)$_2$ 具备了良好的电化学活性。

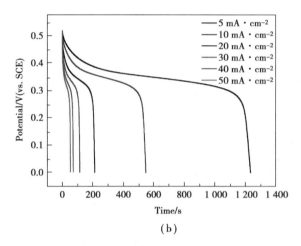

(b)

图 5.10 (a)在电流密度为 5 mA/cm^2 时 graphene(内插图)、纯 Ni(OH)$_2$ 和 graphene/Ni(OH)$_2$ 复合物的首次充放电对比曲线;(b)graphene/Ni(OH)$_2$ 在不同电流密度下的放电曲线

图 5.11(a)给出了在电流密度为 30 mA/cm^2 时 graphene/Ni(OH)$_2$ 复合物的前 10 圈恒电流充放电曲线图。如图可知,当电流密度为 30 mA/cm^2 时,恒电流充放电曲线并没有发生明显变化,每圈曲线几乎都具备时间响应特性,表明 graphene/Ni(OH)$_2$ 复合电极在充放电过程中拥有良好的可逆性。Graphene、Ni(OH)$_2$ 和 graphene/Ni(OH)$_2$ 复合物之间的循环性能对比如图 5.11(b)所示。Ni(OH)$_2$ 和 graphene 都呈现出了电容衰减状态,经过 500 圈循环后,与第一圈相比,二者分别从 482.1,105.7 F/g 衰减至 392.4,95.9 F/g,电容损失率分别为 18.6% 和 9.3%。而 graphene/Ni(OH)$_2$ 复合物循环性能则有了显著的提高,经过 500 圈循环后,比电容值仍为 1 018.5 F/g,与初始电容相比,电容保持率为 93.5%,这与先前报道的碳-Ni(OH)$_2$ 复合物的稳定性相比也有明显提升[253],其中 graphene 支撑材料与 Ni(OH)$_2$ 纳米粒子之间的协同效应起到了主要的推动作用。首先,graphene 作为支撑基底,大幅度

提高了 graphene/Ni(OH)$_2$ 复合电极的循环稳定性。如 SEM 图[图 5.6(e)]所示,纳米级 Ni(OH)$_2$ 粒子具有良好的分散性,在石墨烯表面上均匀负载,在充放电过程中缩短了 OH$^-$ 的扩散路径。其次,graphene 提高了复合电极的导电性和电化学接触面积,提供了电子导电通道,加速了 Ni(OH)$_2$ 纳米粒子的快速氧化还原反应,所以 graphene/Ni(OH)$_2$ 复合物具有更高的比电容和更优异的循环性能。

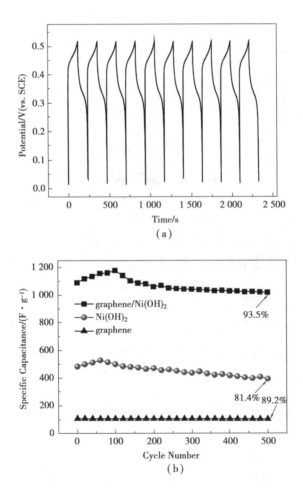

图 5.11 (a)在电流密度为 30 mA/cm^2、电压为 0~0.52 V 时,graphene/Ni(OH)$_2$ 复合物的充放电测试图;(b)在电流密度为 30 mA/cm^2 时,graphene、纯 Ni(OH)$_2$ 和 graphene/Ni(OH)$_2$ 复合物的循环性能测试对比图

5.4 本章小结

本章通过水热法,利用 Ni^{2+} 与带负电的剩余含氧基团之间的静电吸引作用制备 graphene/Ni(OH)$_2$ 复合电极材料,graphene 和 Ni(OH)$_2$ 之间的协同效应大幅度提高了其电化学性能。Ni(OH)$_2$ 纳米粒子的引入可以有效阻止石墨烯片堆叠,增加复合物电极与电解液之间的接触面积,缩短电解液 OH$^-$ 的扩散路径,另外,石墨烯作为 Ni(OH)$_2$ 生长的支撑材料,使Ni(OH)$_2$ 纳米粒子达到均匀负载的目的,显著降低了 Ni(OH)$_2$ 纳米粒子的团聚,从而提升了复合物的电化学性能。Graphene/Ni(OH)$_2$ 复合物在电流密度为 5 mA/cm^2 时,获得 1 985.1 F/g 的高比电容,以及在大电流密度充放电下仍拥有优异的循环稳定性,电容保持率高达93.5%,表明其在超级电容器领域中是一种非常有应用前途的电极材料。

第6章　3D graphene/Ni(OH)$_2$ 复合物的制备及其电化学性能研究

6.1　引　言

为了满足诸如无线电动工具、各种微器件、电力备用设备、工业能源管理设备等的能量需求,越来越多的科研工作者把关注点放在了高能量密度和功率密度的储能装置上。其中,SCs 以其高功率密度、长循环寿命及低维护成本等特点被视为优良的储能装置之一。然而,与锂离子电池相比,SCs 不能释放出足够高的能量密度,限制了其在紧急照明、混合动力车及便携式电子产品等高功率装置领域的应用[5,254]。造成 SCs 低功率输出的主要原因是其电极材料的稳定性、导电性较差,体积变化较大[7],所以发展新型电极材料,使其具有高导电性、大比表面积、短电子和离子扩散路径,是拓展 SCs 在大功率输出方面应用的重要途径。对于电极材料来说,结构直接影响其电化学性能。如今电化学电极材料通常是二维(2D)平面的,这使电极活性物质不能充分与电解液接触,导致有效表面积利用率较低,所以科研工作者开始着力研究三维电极材料,如泡沫镍,但是由于泡沫镍本身质量重、空间体积大,按整个电极质量计算的质量比电容很低,所以设计出一种高强度、超轻和无黏结剂的电极材料是令人期待的。

石墨烯,作为理想的电化学材料,不仅可以用于合成石墨烯基复合电极材料,如 graphene/NiO、graphene/Co$_3$O$_4$、graphene/CeO$_2$、graphene/MnO$_2$[11],而且可以作为导电基底用于负载纳米粒子,如石墨烯薄膜、石墨烯纸以及 3D 石墨烯材料[255]。3D graphene 具有离子运输便捷、扩散路径短、阻抗小等优点,有助于先进电化学电容器的制备,所以构筑 3D graphene 网络显得尤为重要。

然而石墨烯的导电性受限于合成过程中引入的化学基团和缺陷[256]，石墨烯纳米片之间严重的团聚和重叠降低了比表面积，使得离子难以进入电极表面，本章使用的电化学还原法能够解决上述问题。与化学气相沉积法（CVD）和化学还原法不同，电化学还原法不需要有毒化学品作为还原剂或在高温下快速热处理，它在温和条件下就可实现。所以，通过电化学还原 GO 制备 3D graphene 泡沫大大减少了缺陷和纳米片间的堆叠，提高了其导电性。

本章通过一种简单、可控的电化学还原法制备 3D graphene 泡沫，这种新型的 3D 大孔石墨烯是一种独立支撑的、柔韧的、导电性强的整体骨架材料，在其表面负载大量的活性 $Ni(OH)_2$ 纳米片形成 3D graphene/$Ni(OH)_2$ 复合物。与平面碳材料相比，由于 3D graphene/$Ni(OH)_2$ 复合物具有三维界面，增大了电解液的接触面积，促进了电子转移，提供了多通道和高导电的路径，所以表现出了更加优异的电化学性能。

6.2 实验部分

6.2.1 3D graphene 泡沫的制备

通过改进的 Hummers 法氧化石墨粉制备 GO。先将 50 mg GO 溶于 50 mL 蒸馏水中，超声 1 h，然后将泡沫镍在上述溶液中反复浸渍，使得 GO 均匀地包覆在其表面。然后，在邻苯二甲酸氢钾（KHP）溶液中（pH = 4.003）通过直接电还原法将 GO 还原成 graphene。还原过程使用三电极体系，还原电压为 -1.0 V，其中 SCE 和铂电极分别作为参比电极和对电极。最后用盐酸溶液刻蚀泡沫镍得到彼此相连的 3D graphene 泡沫。

6.2.2 3D graphene/$Ni(OH)_2$ 复合物的制备

将 0.3 g $NiCl_2$ 和 0.4 g 六亚甲基四胺（HMT）均匀分散到 15 mL 蒸馏水中形成澄清溶液，然后将上述溶液放入 50 mL 反应釜中，同时将 3D graphene 泡沫也放入反应釜中，在 140 ℃下反应 12 h。最后，所得产物经水洗后，于 60 ℃真空干燥待用。

6.2.3 电极的制备和电化学表征

电极材料的 CV 测试、电化学阻抗测试、充放电测试都是使用 CHI660D 电化学工作站完成的。3D graphene/Ni(OH)$_2$ 复合物作为工作电极,铂电极(1 cm^2)和 SCE 分别作为对电极和参比电极。电解液为 2 mol/L KOH 溶液。EIS 测试的频率范围为 0.01 Hz～100 kHz,交流扰动电压为 10 mV。

6.3 结果与讨论

6.3.1 材料表征

图 6.1 展示了 3D graphene/Ni(OH)$_2$ 纳米结构的合成过程。通过反复浸渍 GO 溶液,泡沫镍表面上均匀地包覆上了 GO。然后,通过标准三电极体系电还原 GO,当电解质离子进入电极时,只有直接接触泡沫镍电极的 GO 被还原。随着越来越多的绝缘 GO 转变成导电的 graphene,诱导更多可利用的 GO 被还原。然后,利用盐酸去除泡沫镍获得 3D graphene 网络结构。在去除的过程中,3D graphene 骨架并未发生塌陷,保持了泡沫镍的立体多孔结构。最后,通过水热法使 Ni(OH)$_2$ 纳米片沉积在 3D graphene 表面上。此 3D graphene/Ni(OH)$_2$ 复合物作为一种独立的、整体的电极材料,保持了高活性表面积,促进了电子运输,使其具有优异的电化学特性。

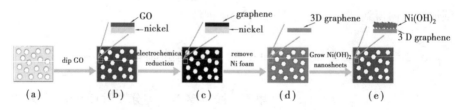

图 6.1 3D graphene/Ni(OH)$_2$ 复合物的形成过程示意图
(a)多孔泡沫镍基底;(b)经过反复浸渍后 GO 均匀地包覆在泡沫镍表面;
(c)通过电还原法在多孔镍上形成多层石墨烯;(d)去除泡沫镍后形成 3D graphene 泡沫;
(e)Ni(OH)$_2$ 纳米片直接生长在 3D graphene 上

第6章 3D graphene/Ni(OH)$_2$ 复合物的制备及其电化学性能研究

石墨烯泡沫和 graphene/Ni(OH)$_2$ 复合物的形貌见 SEM 和 TEM 图(图 6.2)。整体的石墨烯完全继承了泡沫镍的多孔结构,孔尺寸大约为 100~300 μm[图 6.2(a)]。刻蚀除去泡沫镍后,尽管石墨烯泡沫作为一个独立的支撑基体厚度很薄,但仍拥有良好的机械强度。对于 graphene/Ni(OH)$_2$ 复合物来说,石墨烯骨架上均匀包覆着 Ni(OH)$_2$ 纳米片,形成了彼此连通的多孔网络结构[图 6.2(b)—(e)]。高倍 SEM 图显示 Ni(OH)$_2$ 纳米片均匀整齐地排列在石墨烯泡沫上,片层厚度约为 5 μm[图 6.2(e)]。TEM 图[图 6.2(f)]进一步显示单一 Ni(OH)$_2$ 纳米片为透明状,直径约为 400 nm。另外,利用 EDS 谱图检测产物的元素以及 Ni(OH)$_2$ 层的覆盖程度,由 C、Ni、O 的 EDS 元素图[图 6.3(a)]可知,Ni(OH)$_2$ 均匀包覆在 3D 大孔石墨烯框架上,图 6.3(b)证明了该复合物中 Ni、O、C 元素的存在。石墨烯泡沫的 3D 骨架与 Ni(OH)$_2$ 纳米片交叉形成的网眼结构,大幅度增加了活性表面积,从而促进了其电化学

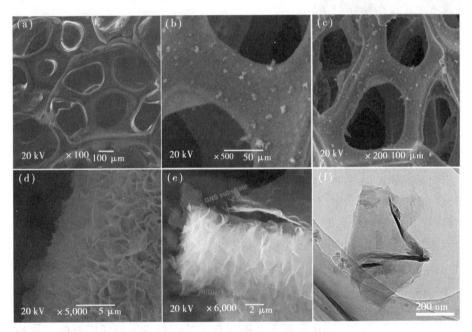

图6.2　(a)3D graphene 泡沫的 SEM 图;(b)3D graphene/Ni(OH)$_2$ 纳米片复合物的 SEM 图;(c) graphene/Ni(OH)$_2$ 纳米片复合物的低倍 SEM 图;(d) graphene/Ni(OH)$_2$ 纳米片复合物的高倍 SEM 图;(e)Ni(OH)$_2$ 纳米片生长在石墨烯基底上的典型 SEM 图;(f) Ni(OH)$_2$ 纳米片生长在 3D graphene 泡沫上的 TEM 图

性能的提升。

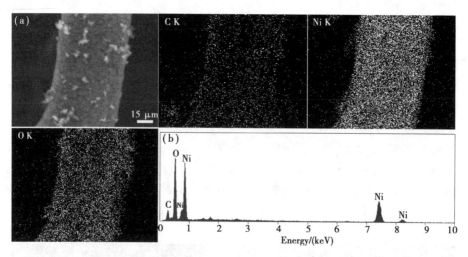

图6.3 (a)C、Ni、O元素的EDS谱图;(b)3D graphene/Ni(OH)$_2$ 纳米片复合物相同区域下的线扫描曲线图

图6.4(a)为3D graphene 和 graphene/Ni(OH)$_2$ 复合物的对比 XRD 谱图。对于 3D graphene 曲线而言,在 $2\theta = 25.7°$ 处出现了一个宽峰,对应着石墨烯(002)晶面的特征衍射峰,说明经过电化学还原后,GO 被还原成具有片层结构的 graphene,其表面上大多数的含氧基团被去除。在 graphene/Ni(OH)$_2$ 复合物的 XRD 曲线中,除了含有石墨烯的特征衍射峰外,还在 $2\theta = 19.1°$、33.1°、38.5°、52.1°、59.3°、62.8°、70.5°和72.7°处出现了 8 个特征峰,分别对应着 β 相 Ni(OH)$_2$ 的(001)、(100)、(101)、(102)、(110)、(111)、(103)和(201)晶面(JCPDS No. 14-0117),说明该产物为 graphene/Ni(OH)$_2$ 复合物,并且 Ni(OH)$_2$ 相的形成依赖于 Ni 源和基底。图 6.4(b)为商业用石墨烯、3D graphene 泡沫和 3D graphene/Ni(OH)$_2$ 复合物的 Raman 谱图。3D graphene 泡沫的 Raman 曲线中在 1 360 cm^{-1}、1 588 cm^{-1} 和 2 716 cm^{-1} 处出现了分别对应 D 带、G 带和 2D 带的 3 个明显振动峰。与普通的商用石墨烯片相比,3D graphene 的 D 带峰显著变弱,说明在相对无污染的电化学还原过程中,缺陷发生了部分治愈[257]。另外,2D 带的宽峰和 I_{2D}/I_G 的比值表明 3D graphene 泡沫为多层结构[258],这是由于经过反复浸渍,多层 GO 完全包覆在泡沫镍上被逐层还原。除了石墨烯的 D 带、G 带和 2D 带峰外,复合物的 Raman 曲线中在 369 cm^{-1} 和 530 cm^{-1} 处出现了两个振动峰,分别对应着 Ni(OH)$_2$ 的

第6章　3D graphene/Ni(OH)$_2$ 复合物的制备及其电化学性能研究

$E_u(T)$ 和 $A_{2u}(T)$ 晶格振动[254]。XRD 谱图和 Raman 谱图证明 3D graphene 泡沫和 Ni(OH)$_2$ 纳米片成功地复合到了一起。

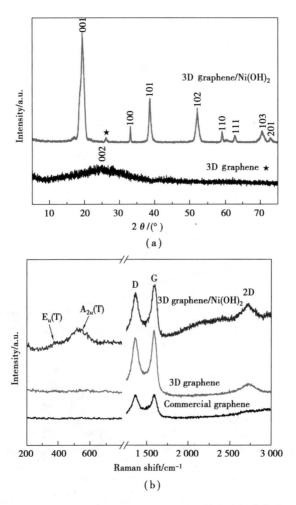

图 6.4　(a)3D graphene 和 3D graphene/Ni(OH)$_2$ 纳米片复合物的 XRD 谱图；
(b)商用石墨烯、3D graphene 和 3D graphene/Ni(OH)$_2$ 纳米片复合物的 Raman 图

图 6.5 为 GO 与 graphene/Ni(OH)$_2$ 复合物的 XPS 谱图和 C 1s XPS 谱图。与 GO 相比，graphene/Ni(OH)$_2$ 复合物的 XPS 谱图[图 6.5(a)]中不仅出现了相对较低的 O 1s 峰和 C 1s 峰，而且出现了一个 Ni 2p 峰，进一步证明了复合物中 graphene/Ni(OH)$_2$ 的存在。GO 的 C 1s XPS 谱图[图 6.5(b)]用来显

示 3 种不同基团中 C 原子的氧化程度,3 个含碳基团分别为:非含氧环中的 C(C—C)、C—O 键中的 C(C—O)、羧酸盐中的 C(O—C=O)[239]。从 GO 中 3 个 C 1s 组分的面积比值可知,C—C 所占的比例为 47%(284.5 eV),而 graphene/Ni(OH)$_2$ 复合物中 C—C 所占的比例约为 78%,并且 graphene/Ni(OH)$_2$ 复合物中 C—O 和 O—C=O 的吸收带强度明显减弱,说明经过电化学还原后,GO 中大部分的含氧基团被成功去除。

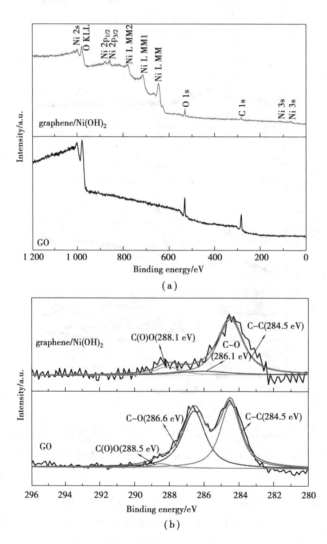

图 6.5 (a) graphene/Ni(OH)$_2$ 复合物和 GO 的 XPS 对比图;
(b) graphene/Ni(OH)$_2$ 复合物和 GO 的 C1s XPS 谱图

6.3.2 电化学性能研究

图 6.6 给出了 3D graphene 和 graphene/Ni(OH)$_2$ 复合物电极的对比 CV 曲线图。测试电压为 0~0.6 V，扫速为 20 mV/s。3D graphene 泡沫的 CV 曲线在相应的电压测试范围内几乎呈一条水平线，而在相同的扫速下，3D graphene/Ni(OH)$_2$ 复合物则呈现出了一对氧化还原峰。该氧化还原峰是 Ni(OH)$_2$ 与 NiO(OH) 之间发生可逆法拉第反应造成的。显然地，复合物 CV 曲线的面积由于 Ni(OH)$_2$ 纳米片的引入而大幅度增加。结合 Ni(OH)$_2$ 纳米片良好的赝电容特性，将其均匀地沉积到导电性良好的 3D graphene 表面，可以大幅度提升石墨烯的电化学性能。

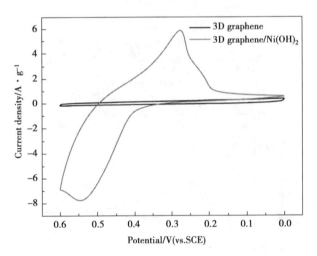

图 6.6 在扫速为 20 mV/s 时 3D graphene 和 graphene/Ni(OH)$_2$ 复合物的 CV 图

随着扫速的增加，graphene/Ni(OH)$_2$ 复合物的 CV 曲线面积变大，氧化还原峰增强[图 6.7(a)]，但 CV 曲线的形状并未发生明显的变化，表明 graphene/Ni(OH)$_2$ 复合电极具有理想的倍率特性。通过 CV 曲线，根据式 5.2 计算比电容值。式(5.2)中，C 为基于复合物整体电极质量的比电容(F/g)，I 为响应电流(A)，v 为扫速(V/s)，m 为复合物整体电极的质量(g)，$(V_a - V_c)$ 为电势窗口(V)。当扫速为 2 mV/s 和 40 mV/s 时，3D graphene/Ni(OH)$_2$ 复合物的比电容分别为 185.3 和 84.4 F/g[图 6.7(b)]。不同扫速对 3D graphene/Ni(OH)$_2$ 复合物阴极和阳极峰值电流的影响见图 6.7(a) 内插图。在不同扫速下,随着扫速 1/2 次方值 ($v^{1/2}$) 的增加,阴极电流 (I_p) 呈线性增加,阳极电流呈线性降低,表明该电化学反应是一个可逆扩散控制的电化学过程[259]。另外,经过在不同电流密度下的 CV 循环后,电极响应并未发生明显的衰减,可知电极的三维结构在循环过程中不易被破坏。3D graphene/Ni(OH)$_2$ 复合物如此高的电子导电性和快速的扩散速率是提高其能量密度和功率密度的重要因素,被视为良好电化学性能的保障。

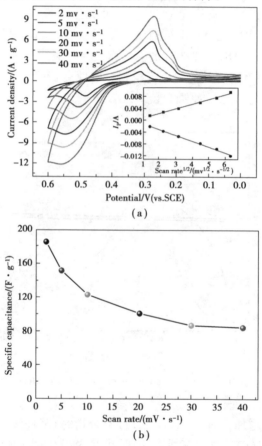

图6.7 (a)在扫速为 2,5,10,20,30,40 mV/s 时,3D graphene/Ni(OH)$_2$ 复合物的 CV 曲线图[内插图为 graphene/Ni(OH)$_2$ 复合物阳极峰值电流(顶部)或阴极峰值电流(底部)与扫速平方根之间的关系];(b)通过 CV 曲线计算的不同扫速下的 graphene/Ni(OH)$_2$ 复合物比电容值变化图

第6章 3D graphene/Ni(OH)₂ 复合物的制备及其电化学性能研究

在不同电流密度下,3D graphene/Ni(OH)₂ 复合物的恒电流充放电曲线见图 6.8。由图可知,graphene/Ni(OH)₂ 复合物的放电曲线包括两个阶段:一个快速电势降阶段(0.52~0.50 V)和一个缓电势降阶段(0.50~0.31 V)。第一个电势降是由内电阻造成的,随后的电势降代表了电极材料的赝电容特性,与 CV 曲线测试结果相符。每条放电曲线的电压降都较小,甚至在 5 A/g 的高电流密度下,放电曲线的电压降也不明显,表明该复合物电极材料的内电阻小,具有出色的电容性能。

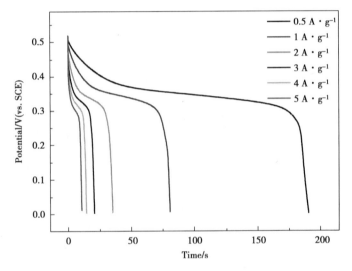

图 6.8　graphene/Ni(OH)₂ 复合物在不同电流密度下的恒电流放电曲线图

图 6.9(a)为泡沫镍/Ni(OH)₂ 和 3D graphene/Ni(OH)₂ 复合物在恒电流密度为 0.5 A/g 时的充放电曲线。由图可知,在相同的电流密度下,3D graphene/Ni(OH)₂ 复合物的放电时间远大于泡沫镍/Ni(OH)₂ 的时间。比电容的计算公式如下:

$$C_s = \frac{It}{\Delta V m} \tag{6.1}$$

其中,C_s 为电极材料的比电容(F/g),I 为恒流充放电电流(A),t 为放电时间(s),ΔV 为电势窗口,m 为整体电极的质量(3D graphene/Ni(OH)₂ 复合物和泡沫镍/Ni(OH)₂ 电极的质量分别为 0.005 g/cm² 和 0.022 5 g/cm²,Ni(OH)₂ 的质量约为 0.000 5 g/cm²)。当电流密度为 0.5 A/g 时(基于电极总质量计算的电流密度),3D graphene/Ni(OH)₂ 复合物的比电容为 183.1 F/g,而泡沫镍/Ni(OH)$_2$ 的比电容仅为 32.8 F/g,上述比电容的大幅度提升归因于 3D graphene/Ni(OH)$_2$ 网络的低质量密度和高电子导电性。由于集流体的质量也包含在电极整体的质量中,与泡沫镍相比,3D graphene 电极则拥有非常小的质量密度。图 6.9(b)给出了在不同电流密度下,3D graphene/Ni(OH)$_2$ 与泡沫镍/Ni(OH)$_2$ 复合电极的比电容变化曲线图。当电流密度由 0.5 A/g 增加到 5 A/g 时,3D graphene/Ni(OH)$_2$ 复合物的比电容衰减 40%,大约仍保持在 100.4 F/g,而泡沫镍/Ni(OH)$_2$ 的比电容则衰减了 56%,保持在 14.4 F/g,

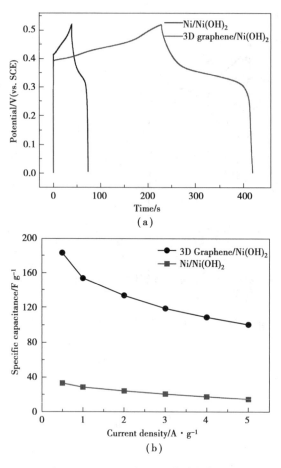

图 6.9 (a)在 0.5 A/g 时 3D graphene/Ni(OH)$_2$ 复合物与泡沫镍/Ni(OH)$_2$ 充放电对比图;(b)3D graphene/Ni(OH)$_2$ 复合物与泡沫镍/Ni(OH)$_2$ 在不同电流密度下的比电容值变化对比图(基于电极材料的整体质量来计算)

第6章 3D graphene/Ni(OH)$_2$ 复合物的制备及其电化学性能研究

表明 3D graphene/Ni(OH)$_2$ 复合电极材料拥有更好的离子扩散性和电子传输性。另外,基于单独 Ni(OH)$_2$ 质量作为活性物质质量计算比电容,当电流密度为 0.5 A/g 时,泡沫镍/Ni(OH)$_2$ 与 3D graphene/Ni(OH)$_2$ 复合电极的比电容分别为 1 476 F/g 和 1 831 F/g。Graphene/Ni(OH)$_2$ 具有更高的比电容,说明 3D graphene 的多孔网络结构使得电解质离子更易快速到达 Ni(OH)$_2$ 纳米片表面,其自身彼此交联的片层结构又为电子传导提供了便捷通道。

图 6.10 为泡沫镍/Ni(OH)$_2$ 与 3D graphene/Ni(OH)$_2$ 复合物电极的电化学阻抗对比图,测试的频率范围为 100 kHz ~ 0.01 Hz。在低频率下,3D graphene/Ni(OH)$_2$ 复合物电极的直线部分接近 90°,表明其是一个纯电容行为,在复合物电极内部结构中离子扩散电阻很小。此外,3D graphene/Ni(OH)$_2$ 复合物电极的等效串联电阻(ESR)为 1.0 Ω,小于泡沫镍/Ni(OH)$_2$ 电极的电阻值(1.8 Ω),说明 3D graphene/Ni(OH)$_2$ 电极具有较小的接触电阻和欧姆压降。在高频区中,3D graphene/Ni(OH)$_2$ 复合物的半圆弧明显小于泡沫镍/Ni(OH)$_2$,说明高导电性的 3D graphene 网络有助于电子运输,从而使复合物具有较低的电荷转移电阻[260]。

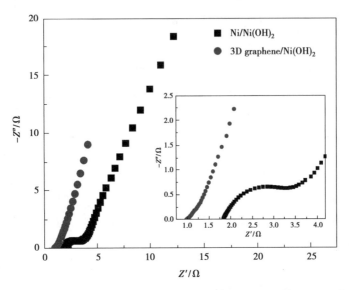

图 6.10 3D graphene/Ni(OH)$_2$ 复合物与泡沫镍/Ni(OH)$_2$ 的 Nyquist 对比图

图 6.11 为 3D graphene/Ni(OH)$_2$ 复合物在 1 A/g 电流密度下的充放电

循环性能测试图。如图所示,经过1 000圈连续充放电循环后,3D graphene/Ni(OH)$_2$复合物比电容与初始比电容相比仅仅衰减了8.8%,说明其具有出色的电化学稳定性,小幅度的衰减可能是在碱性溶液中,电极材料进行快速充放电时发生相位变化或晶粒尺寸生长造成的[261]。3D graphene/Ni(OH)$_2$复合电极的电化学稳定性测试图显示经过长时间的充放电循环后(>140 000 s),充放电曲线并未发生歪曲,仍然基本保持对称。在高放电率下,复合物仍保持高比电容的特性有助于能量密度和功率密度的提高。

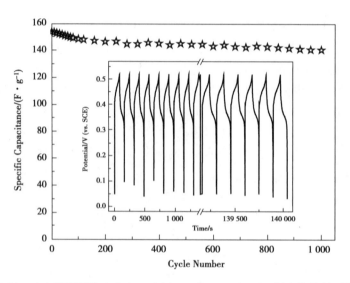

图6.11 在电流密度为1.0 A/g时3D graphene/Ni(OH)$_2$复合物的循环性能测试图(内插图为在1.0 A/g下的充放电曲线图)

3D graphene/Ni(OH)$_2$复合物优异的赝电容行为和良好的循环稳定性归因于两种纳米功能材料的协同作用。首先,Ni(OH)$_2$在石墨烯表面上易发生快速、可逆的氧化还原反应,使得复合物具有高的电化学容量。其次,导电的3D石墨烯网络,具有互相连接的多孔结构[图6.2(a)],为Ni(OH)$_2$生长提供了大量的表面积,使得Ni(OH)$_2$更容易与电解质离子直接接触,降低了电解液的扩散电阻。第三,3D graphene网络具有高比表面积,为Ni(OH)$_2$与石墨烯之间的快速电子传输提供了良好的界面接触。由于纳米级Ni(OH)$_2$的引入,复合物的电活性面积也大幅增加。第四,3D graphene/Ni(OH)$_2$复合物作为无黏合剂的电极材料具有较低的内阻和较快的电子传输能力。最后,石墨烯泡沫不仅可以作为3D支撑材料,而且还可以用来调节电化学反应。

第6章 3D graphene/Ni(OH)$_2$ 复合物的制备及其电化学性能研究

能量密度与功率密度相关的 Ragone 图是一种评价 SCs 电极材料电容性能的有效途径。通过恒电流充放电曲线来计算能量密度(E,W·h/kg)和功率密度(P,kW/kg)的公式如下[262,263]：

$$E = \frac{C(\Delta E)^2}{2} \tag{6.2}$$

其中,C 为电极的比电容(基于电极材料的整体质量来计算),ΔE 为操作电势窗口(V,由放电曲线所在电压范围获得,除了电压降部分)。

$$P = \frac{\Delta E^2}{4R} \tag{6.3}$$

其中,R 为装置的内阻,按照从放电曲线开始端的电压降值计算而得,$R = V_{drop}/2i$。图 6.12 显示了在不同扫速下分等级 β-Ni(OH)$_2$ 花状微球、分等级 β-Ni(OH)$_2$ 空心微球及 3D graphene/Ni(OH)$_2$ 复合电极的 Ragone 图。随着功率密度的增加,能量密度逐渐减少,当功率密度为 59.3 kW/kg 时,3D graphene/Ni(OH)$_2$ 复合电极得到了 6.9 W·h/kg 的高能量密度。当功率密度增加到 62.5 kW/kg 时,能量密度降低缓慢,仍能保持在 3.8 W·h/kg。而当功率密度为 0.8 kW/kg 时,β-Ni(OH)$_2$ 花状微球的最大能量密度为 4.2 W·h/kg;当功率密度为 6.5 kW/kg 时,β-Ni(OH)$_2$ 空心微球的最大能量密度为 5.1 W·h/kg。与二者相比,3D graphene/Ni(OH)$_2$ 复合电极具备更高的能量密度,说明该复合物是一种可应用于高能量储存的超级电容器理想电极材料。

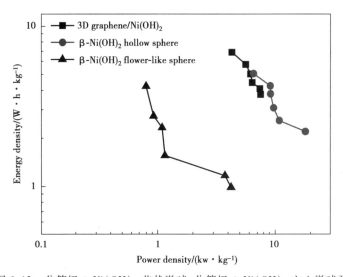

图 6.12　分等级 β-Ni(OH)$_2$ 花状微球、分等级 β-Ni(OH)$_2$ 空心微球及 3D graphene/Ni(OH)$_2$ 复合物能量密度与功率密度的 Ragone 图

6.4 本章小结

本章通过电还原法制备 3D graphene 泡沫,然后使用水热法在其表面成功生长了 Ni(OH)$_2$ 纳米片赝电容活性材料。电化学可控还原将包覆在泡沫镍表面上的 GO 还原成单层/多层石墨烯,使其完好地保持了泡沫镍的大孔骨架,该多孔网络结构加快了到 Ni(OH)$_2$ 间的电荷转移。由于 3D graphene 具有大的比表面积和良好的机械强度,所以 3D graphene/Ni(OH)$_2$ 复合物的质量很轻,可以作为一种免支撑电极材料用于 SCs 的组装。两种纳米材料之间的协同作用,使得无须添加黏合剂的 3D graphene/Ni(OH)$_2$ 纳米复合电极具备了高电化学性能。在 2 mol/L 的 KOH 水溶液中,当电流密度为 0.5 A/g 时,该复合物的最大比电容值为 183.1 F/g(基于整体电极质量),当功率密度为 59.3 kW/kg 时呈现出高能量密度(6.9 W·h/kg)。当电流密度增加到 1 A/g 时,循环 1 000 圈后的比电容仍然保持在初始比电容的 91.2%。此 3D graphene/Ni(OH)$_2$ 作为一种理想的复合电极材料可被应用到能量转化/储存系统中。

第7章 层状 α-Ni(OH)$_2$/RGO 复合物的制备及其非对称超级电容器性能研究

7.1 引 言

电极材料为 ASCs 提供高能量、高功率密度。对于电容型电极,具有高比表面积和高导电性的活性炭是一种合适的材料。对于赝电容电极,金属(氢)氧化物和导电聚合物被广泛使用。其中,α-Ni(OH)$_2$ 由于其价格低廉、合成路线环保、电化学性能高等优势吸引了广泛关注。与 β-Ni(OH)$_2$ 相比,α-Ni(OH)$_2$ 由于其形态、尺寸和较低的氧化电位,具有更高的理论比电容值[264]。在氧化还原过程中,β-Ni(OH)$_2$ 经常转化成 β-NiOOH,而 α-Ni(OH)$_2$ 则氧化成 γ-NiOOH 来获得镍的更高的平均氧化态,这实质上是提高了电极的比电容[158]。目前,科学家们致力于研究 α-Ni(OH)$_2$ 的形貌、尺寸和结晶度的可控设计[265],Vijayakumar 等人采用共沉淀法制备出了 α-Ni(OH)$_2$ 纳米颗粒用于 SCs 研究,可获得最大比电容 534 F/g[266]。Lang 等人通过共沉淀法合成 Al 取代的 α-Ni(OH)$_2$,并与活性炭成功组装成了 ASCs,Al 取代的 α-Ni(OH)$_2$//AC 输出了 127 F/g 的最大比电容和 42 W·h/kg 的能量密度[267]。α-Ni(OH)$_2$ 受限于 1D 纳米晶的原位生长,引起团聚和重叠,导致比表面积明显降低,较低的比表面积利用率使活性材料的离子扩散缓慢、导电性差,导致较低的能量密度。现今少有通过设计组装 α-Ni(OH)$_2$ 和 2D 纳米片制备 α-Ni(OH)$_2$ 基层状复合材料的报道,该组装方式有助于扩大 α-Ni(OH)$_2$ 和纳米片的接触面积,从而增加 α-Ni(OH)$_2$ 的利用率。目前,剥离出超薄 α-Ni(OH)$_2$ 仍面临挑战,因为其在碱溶液或水中不稳定,很容易转变成 β-Ni(OH)$_2$。具有层状

结构的 α-Ni(OH)$_2$ 和 β-Ni(OH)$_2$ 都沿着 c 轴堆叠,然而两者之间的主要区别是:α-Ni(OH)$_2$ 层板间插入了一些分子(水分子和阴离子)使其拥有较宽的层间距,β-Ni(OH)$_2$ 是具有水镁石结构的中性层状化合物,α-Ni(OH)$_2$ 具有水滑石结构,含有大量堆叠的 [Ni(OH)$_{2-x}$(H$_2$O)$_x$]$^{x+}$、插层阴离子或水分子[268,269]。因此,很多研究人员试图找到更简单的方法来制备一种含有超薄 α-Ni(OH)$_2$ 纳米片和其他薄片组成的层状复合物作为 ASCs 的电极材料。

层状复合物,包括两种不同的层状材料,由于单元层性能的联合作用使其具备优异的电化学性质,如比电容、电导率和机械强度[270]。层状复合物的单元层是通过剥离层状固体颗粒得到的,它们是具有丰富电荷的单分子层。在剥离过程中,一些插层离子和有机溶剂被添加到体系中,剥离后的 α-Ni(OH)$_2$ 纳米片由于带正电而形成胶体悬浮液[271]。然而剥离后的 α-Ni(OH)$_2$ 纳米片不稳定,易发生堆叠现象,这大大降低了其比电容和电化学稳定性。为了克服这个问题,通过 α-Ni(OH)$_2$ 纳米片和带负电荷的物质制备层状复合物成了最近的研究热点。石墨烯(RGO)作为二维材料,因具有优良的导电性、高的理论比表面积以及良好的抗拉强度,吸引了许多研究人员的关注[272,273]。

本章使用十二烷基硫酸钠(SDS)和甲酰胺成功剥离了 α-Ni(OH)$_2$ 纳米片,并通过静电吸引作用,将剥离的 α-Ni(OH)$_2$ 纳米片和 GO 组装成多层复合材料,使得产物被进一步还原成 α-Ni(OH)$_2$/RGO 复合物。该层状复合物具有优异的比电容,在电流密度为 1 A/g 时,其比电容为 1 568.3 F/g,比纯 α-Ni(OH)$_2$ 电极的比电容高(1 223.5 F/g)。组装的 α-Ni(OH)$_2$/RGO//AC ASC 拥有 0~1.8 V 的电压范围,在电流密度为 1 A/g 时,获得 168.8 F/g 的高比电容,在功率密度为 905.5 W/kg 时,输出最大能量密度 76 W·h/kg。另外,经过 2 000 圈充放电循环后,其比电容没有明显的衰减。综上,α-Ni(OH)$_2$/RGO 是一种具有广阔应用前景的电极材料。

7.2 实验部分

7.2.1 α-Ni(OH)$_2$ 的制备

将 Ni(AC)$_2$·4H$_2$O(1 mmol)、HMT(10 mmol)和 NaAc(10 mmol)在 40

mL 的去离子水中溶解,搅拌至溶液澄清,将溶液放入 50 mL 反应釜中,在 140 ℃的温度下反应 10 小时。经热处理后,用水和乙醇离心洗涤产物,最后将沉淀物从溶液中分离出来,于 60 ℃真空干燥。

7.2.2 α-Ni(OH)$_2$ 的剥离

将 50 mg α-Ni(OH)$_2$ 分等级微球溶于 200 mL SDS 溶液中,振荡 1 天,制得 DS 插层的层状 Ni(OH)$_2$;离心后得到的沉淀物用蒸馏水和乙醇清洗,在室温下晾干;在甲酰胺(50 mL)中放入沉淀物,并在 25 ℃的恒温振荡器中振荡 5 d 用于剥离。为了去除未剥离的颗粒将产生的蓝色半透明的胶体悬浮液进一步离心后保存。

7.2.3 α-Ni(OH)$_2$/GO 复合物和 α-Ni(OH)$_2$/RGO 复合物的制备

图 7.1 显示了剥离后的 α-Ni(OH)$_2$ 和 GO 通过静电吸引作用,制备 α-Ni(OH)$_2$/RGO 复合物的过程。GO 是通过改进的 Hummers 法制得的[52],剥离后的 GO 悬浮液由超声法制得。将 α-Ni(OH)$_2$ 超薄纳米片悬浮液(10 mL)与 0.5 g/L GO 悬浮液(10 mL)混合,立即产生絮状沉淀,沉降 24 h 后聚集得到产物;将产物以 15 000 r/min 的转速离心 30 min,去除上清液,并将沉淀在 60 ℃下真空干燥。含 DS 离子插层的 α-Ni(OH)$_2$ 和 GO 分别剥离为带正电荷的氢氧化物纳米片和带负电荷的 GO 纳米片,具有相反电荷的纳米片通过静电

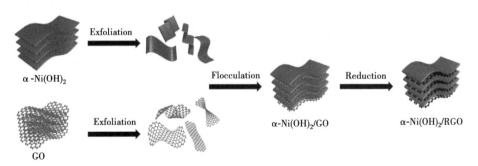

图 7.1　剥离后的 α-Ni(OH)$_2$ 与 GO 通过静电吸引作用合成 α-Ni(OH)$_2$/RGO 复合物的示意图

作用构建了层状复合材料,并将获得的 α-Ni(OH)$_2$/GO 通过水合肼还原为 α-Ni(OH)$_2$/RGO 复合物[274]。将初始材料(50 mg)分散在水(10 mL)中,再添加 32% 的氨水(40 μL)形成悬浮液,随后加入 80% 的水合肼(2 μL),将混合液加热至 95 ℃反应 2 h,离心后,将沉淀在真空中干燥。作为对比,将未剥离的 α-Ni(OH)$_2$ 和 GO 机械搅拌后混合在一起,并通过相同的方法直接用水合肼还原制得 α-Ni(OH)$_2$/RGO 混合物(α-Ni(OH)$_2$/RGOM)。

7.2.4 电极的制备及电化学性能测试

α-Ni(OH)$_2$/RGO、α-Ni(OH)$_2$/RGOM 和 α-Ni(OH)$_2$ 电极在三电极体系下进行循环伏安(CV)测试和充放电性能测试。活性物质作为工作电极(1 cm^2)、铂作为对电极(1 cm^2)、SCE 作为参比电极组成三电极体系。工作电极的制备方法如下:将活性物质、炭黑和聚偏氟乙烯(PVDF)以 85:10:5 的比例混合,溶解在 N-甲基-2-吡咯烷酮(NMP)中,将混合物压在泡沫镍上。工作电极中活性物质的质量为 5 mg。EIS 测试在频率范围为 0.01 Hz 至 100 kHz,扰动电压为 10 mV 时进行。ASC 是以 α-Ni(OH)$_2$/RGO 复合物作为正极、AC 作为负极来组装的。所有的电化学测试都是在 6 mol/L KOH 溶液中使用 CHI660D 电化学工作站完成的。

根据充放电曲线,可按下列公式计算 ASC 装置的比电容 C、功率密度 P 和能量密度 E:

$$C = \frac{It}{m\Delta V} \tag{7.1}$$

$$E = \frac{1}{2}C\Delta V^2 \tag{7.2}$$

$$P = \frac{E}{t} \tag{7.3}$$

其中,I 和 t 分别为电流和放电时间,m 为两个电极的总质量,ΔV 为电压窗口。

7.3 结果与讨论

7.3.1 材料表征

图 7.2 为 α-Ni(OH)$_2$、剥离后的 α-Ni(OH)$_2$ 和 α-Ni(OH)$_2$/RGO 复合物

第7章 层状 α-Ni(OH)₂/RGO 复合物的制备及其非对称超级电容器性能研究

的 XRD 谱图。图中曲线 a 显示了 α-Ni(OH)₂ 的 4 个典型特征峰，分别位于 10.7°、21.8°、32.7° 和 60.1°，对应着 α-Ni(OH)₂ 的 (003)、(006)、(101) 和 (110) 晶面[275]。在 $2\theta = 10.7°$ 处的主要特征峰的晶面间距为 0.83 nm。由曲线 b 可知，衍射峰明显变宽并向小角度偏移，(003) 衍射峰与层间距有关，表明 α-Ni(OH)₂ 已被成功剥离，形成了超薄的纳米片。α-Ni(OH)₂/RGO 复合物（曲线 c）的晶面间距为 1.10 nm，对应着 α-Ni(OH)₂(0.83 nm) 和 GO(0.34 nm) 的层板厚度之和。与前驱物（曲线 b）相比，复合物的晶面间距减少到 1.10 nm，表明带负电荷的 GO 纳米片可能存在于 α-Ni(OH)₂ 的层间区域以平衡正电荷，这一结果间接证明了氢氧镍纳米片和 GO 纳米片相互交替地重新组装，而且在复合物的 XRD 图谱中未出现 GO 相关的衍射峰也进一步证明了这种可能性。

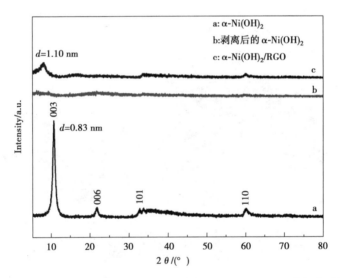

图 7.2 纯 α-Ni(OH)₂（曲线 a），用甲酰胺剥离后的 α-Ni(OH)₂ 纳米片（曲线 b），经过静电作用和还原反应处理后的 α-Ni(OH)₂/RGO 复合物（曲线 c）的 XRD 谱图

图 7.3(a) 展示了用水热法制备的 α-Ni(OH)₂ 片的 TEM 图。图中 α-Ni(OH)₂ 片的形状为片状，边长为 1~3 μm。样品的边缘是不规则的，片层相互叠加，产生了一定的堆集。从图 7.3(b) 可以看出，剥离出的 α-Ni(OH)₂ 纳米片是超薄片，具有褶皱。此外，由于剥离过程中薄片受到损坏，所以纳米片边缘通常是粗糙的。α-Ni(OH)₂ 通过甲酰胺处理后，变成一种绿色的、半透明的胶体溶液[图 7.3(c)]，表明样品发生了剥离。在 α-Ni(OH)₂ 悬浮液

中出现清晰的丁达尔效应,说明该悬浮液很稳定。图7.3(d)显示了自组装的α-Ni(OH)$_2$/RGO复合物的表面形态,尽管α-Ni(OH)$_2$纳米片和RGO之间存在着微弱的差异,但从图中可以看出α-Ni(OH)$_2$纳米片被超薄的纸状片层覆盖,这种带有褶皱的超薄纸状片层为RGO。这种新型的层状α-Ni(OH)$_2$/RGO纳米片自组装材料不仅扩大了电解液离子的接触面积,而且还提高了其导电性。

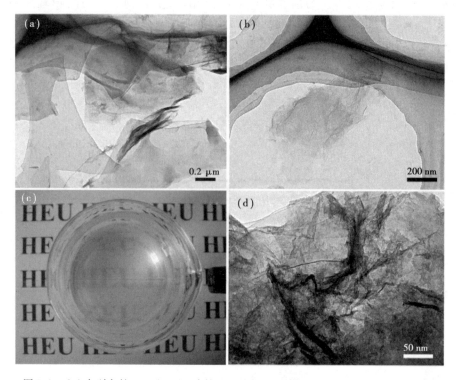

图7.3 (a)未剥离的α-Ni(OH)$_2$片的TEM图;(b)剥离后的α-Ni(OH)$_2$纳米片的TEM图;(c)在装有纳米片悬浮液的透明容器里通过一道激光光束,清晰的丁达尔效应证明了悬浮液中胶体颗粒的存在;(d)α-Ni(OH)$_2$/RGO复合物的TEM图

两种材料的XPS光谱图和C1s光谱图如图7.4所示。由图可知,GO和α-Ni(OH)$_2$都存在于絮凝液中,图7.4(a)给出了α-Ni(OH)$_2$/GO和α-Ni(OH)$_2$/RGO复合物的XPS光谱图。除了来自RGO、GO(C 1s,284.5 eV)和氧(O 1s,532.2 eV)的信号外[276],在876.7 eV和858.7 eV处的Ni 2p$_{1/2}$峰和Ni 2p$_{3/2}$峰证明了在两个复合物中都有Ni(OH)$_2$存在,并且在水合肼还原

过程中α-Ni(OH)$_2$未发生变化。在399.7 eV处的峰为甲酰胺分子中的C—N键,因为在自组装过程中很难完全去除甲酰胺。α-Ni(OH)$_2$/GO复合物和α-Ni(OH)$_2$/RGO复合物的C 1s光谱图[图7.4(b)]显示了碳材料的氧化程度。α-Ni(OH)$_2$/RGO复合物在288.0 eV处的峰对应着羧基官能团(O—C=O),与α-Ni(OH)$_2$/GO相比,其峰强度明显下降,表明GO上大部分的含氧官能团被成功还原[277]。根据α-Ni(OH)$_2$/RGO XPS数据的定量分析可知,复合物中的C、O和Ni的原子百分比约为58.81%、28.38%和12.81%。在α-Ni(OH)$_2$/RGO中,Ni(OH)$_2$质量比约为61.3%,表明复合物中石墨烯片上剩余的含氧官能团很少,有助于其电化学性能的提高[274,278]。

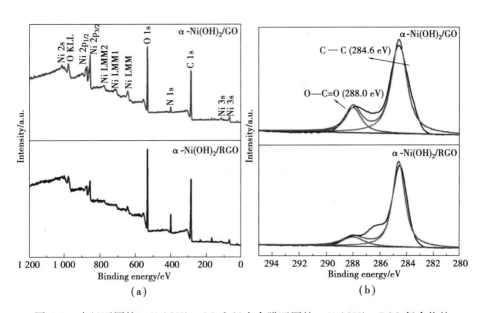

图7.4 未经还原的α-Ni(OH)$_2$/GO和经水合肼还原的α-Ni(OH)$_2$/RGO复合物的XPS光谱图(a)和C1s光谱图(b)

7.3.2 电化学性能研究

图7.5(a)、(b)为α-Ni(OH)$_2$/RGO复合物和α-Ni(OH)$_2$/RGOM在不同扫速下的循环伏安(CV)曲线图。所有的CV曲线都包含一对氧化还原峰,说明所测量的电容主要受法拉第氧化还原机制影响,反应如式(7-4)所示[135]:

$$\alpha\text{-Ni(OH)}_2 + \text{OH}^- \longleftrightarrow \gamma\text{-NiOOH} + \text{H}_2\text{O} + e^- \tag{7.4}$$

此外,对 3 种电极在扫速为 5 mV/s 时的 CV 曲线进行了研究,结果如图 3.5(c)所示。这 3 种电极的 CV 曲线环面积有显著差异,面积大小依次为 Ni(OH)$_2$ < α-Ni(OH)$_2$/RGOM < α-Ni(OH)$_2$/RGO,说明 α-Ni(OH)$_2$/RGO 具有最高的比电容,这是由于多层结构中引入 RGO 与 α-Ni(OH)$_2$ 片产生了协同作用。较大的晶面间距使 OH$^-$ 和质子更容易进入 α-Ni(OH)$_2$ 层板间[269,279],并且引入 RGO 提高了复合物的导电性和比电容。与纯 α-Ni(OH)$_2$ 相比,剥离后的 α-Ni(OH)$_2$ 层板间水分含量更高,促进了 OH$^-$ 的交换和运输,因此,α-Ni(OH)$_2$/RGO 的电流响应和 CV 曲线面积都比纯 α-Ni(OH)$_2$ 电极大得多。对于 α-Ni(OH)$_2$/RGOM,较小的电流响应可能是因为在机械混合过程中 RGO 和 α-Ni(OH)$_2$ 发生了叠加,导致活性物质比表面积降低且暴露的镍中

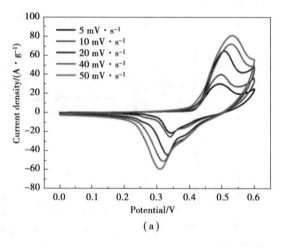

(a)

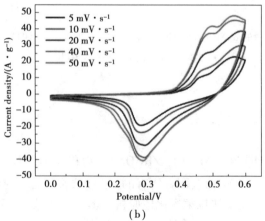

(b)

第7章 层状 α-Ni(OH)₂/RGO 复合物的制备及其非对称超级电容器性能研究

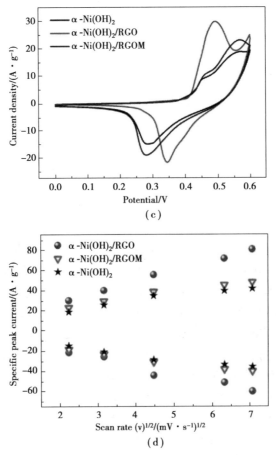

图 7.5 (a) α-Ni(OH)₂/RGO 复合物和 (b) α-Ni(OH)₂/RGOM 分别在 5,10,20,40 和 50 mV/s 扫速下的 CV 曲线图;(c) α-Ni(OH)₂、α-Ni(OH)₂/RGOM 和 α-Ni(OH)₂/RGO 电极在扫速为 5 mV/s 下的 CV 曲线图;(d) α-Ni(OH)₂/RGO、α-Ni(OH)₂/RGOM 和 α-Ni(OH)₂ 电极的 Randles-Sevcik 图

心减少。图 7.5(d) 为 α-Ni(OH)₂/RGO、α-Ni(OH)₂/RGOM 和 α-Ni(OH)₂ 的 Randles-Sevcik 图,这 3 种电极的电化学过程都是扩散控制,其扩散系数分别是 4.84×10^{-6},1.78×10^{-6},1.32×10^{-6} cm²/s,α-Ni(OH)₂/RGO 复合物在氧化还原过程中拥有最快的 OH⁻ 扩散速率,所以在电极材料中引入良好的导电基底可以提高电化学性能,并降低极化现象的产生。

图 7.6(a) 显示了不同电流密度下 α-Ni(OH)₂/RGO 复合物的恒电流充

放电曲线。对于充电过程,电势(低于 0.4 V)依赖时间的线性变化表明其纯双电层电容行为,电势在 0.4~0.5 V 范围内对时间的斜线变化显示其典型的赝电容特征,归因于 α-Ni(OH)$_2$ 的氧化过程。在放电过程中,0.3~0.45 V 的电势变化表明了 γ-Ni(OH)$_2$ 的还原过程。图 7.6(b)表明 α-Ni(OH)$_2$/RGO 电极的充放电曲线更加对称,并且没有明显的电压降,说明其具有优异的可逆性、快速的 I-V 响应性及良好的导电性。此外,RGO 作为良好的电子传输通道,不仅有助于输出双电层电容,而且还能更有效地连接 Ni(OH)$_2$ 纳米片。在图 7.6(c)中展示了在不同电流密度下,α-Ni(OH)$_2$ 和 α-Ni(OH)$_2$/RGO 复合物的比电容变化。α-Ni(OH)$_2$/RGO 和 α-Ni(OH)$_2$ 的最高比电容分别为 1 568.3 F/g 和 1 223.5 F/g,在 10 A/g 的高电流密度下,α-Ni(OH)$_2$/RGO 的比电容仍保持在 473.4 F/g。Ni(OH)$_2$ 和 RGO 之间的协同作用提高了复合物的比电容和倍率性能,较大的比表面积和多层结构向活性物质表面提供了快速有效的离子扩散通道,并在 RGO 网络中进行了良好的电子传递过程。图 7.6(d)为频率在 100 kHz 到 0.01 Hz 时,α-Ni(OH)$_2$ 和 α-Ni(OH)$_2$/RGO 复合物的 Nyquist 图,内插图为 α-Ni(OH)$_2$/RGO 的等效电路图。在低频区,α-Ni(OH)$_2$/RGO 电极的阻抗急剧上升,逐渐趋向于垂直,表现出纯电容行为。在高频区,α-Ni(OH)$_2$/RGO 电极的 R_s 是 0.6 Ω,说明存在于电解液和活性物质之间的电极电阻小、电荷转移率高。相比之下,纯 α-Ni(OH)$_2$ 和 α-Ni(OH)$_2$/RGOM 电极在高频区的扩散电阻较大,而且有更大的内阻(分别为 1.0 Ω 和 0.9 Ω)和较低的电荷转移速率。经过 2 000 圈充放电循环后,α-Ni(OH)$_2$/RGO 和 α-Ni(OH)$_2$ 的 R_s 分别增加到 1.0 Ω 和 2.1 Ω,α-Ni(OH)$_2$/RGO 的 R_{ct} 由 0.5 Ω 仅增加到 0.6 Ω,而 Ni(OH)$_2$ 的 R_{ct} 由 0.8 Ω 增加到 1.2 Ω,这主要得益于石墨烯纳米片优良的导电性。图 7.6(e)为这两种电极的 Bode 图。α-Ni(OH)$_2$/RGO 复合物在 0.01 Hz 时的相位角约为 −76°,接近于 −90° 的理想电容性能[280,281],而 α-Ni(OH)$_2$ 的低相位角为 −48°,反映出赝电容行为[282]。图 7.6(f)记录了电流密度增加时,α-Ni(OH)$_2$ 和 α-Ni(OH)$_2$/RGO 复合物的循环性能。在电流密度为 1 A/g 和 2 A/g 的最初 800 圈循环中,两个电极均输出了稳定的电容。纯 α-Ni(OH)$_2$ 电极在电流密度为 2 A/g 时,比电容下降到 945.8 F/g,而在相同条件下 α-Ni(OH)$_2$/RGO 的比电容为 1 184.6 F/g。在接下来的大电流密度下 800 圈充放电循环中,α-Ni(OH)$_2$/RGO 在每个阶段都输出稳定的电容性能,而 α-Ni(OH)$_2$ 则呈现出明显的衰减。当电流密度再次下降到 1 A/g 并充放电 400 圈后,α-Ni(OH)$_2$/RGO 的放电能力基本恢复,其比电容保持率为 96.4%,而 α-Ni(OH)$_2$ 电极的电容保持

第7章　层状 α-Ni(OH)$_2$/RGO 复合物的制备及其非对称超级电容器性能研究

率仅为 87.2%，α-Ni(OH)$_2$/RGO 复合物良好的电容保持率说明该复合材料的倍率性能强、循环稳定性高。

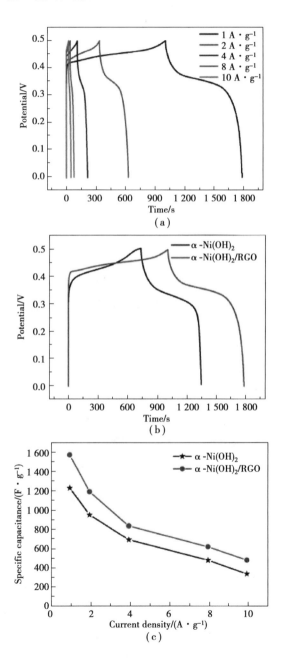

(a)

(b)

(c)

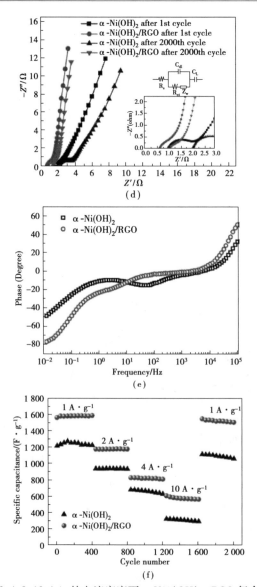

图 7.6 (a)在 1,2,4,8,10 A/g 的电流密度下 α-N1i(OH)$_2$/RGO 复合物的充放电曲线；
(b)当电流密度为 1 A/g 时，α-Ni(OH)$_2$ 和 α-Ni(OH)$_2$/RGO 的充放电曲线对比图；
(c)α-Ni(OH)$_2$ 和 α-Ni(OH)$_2$/RGO 复合物在不同电流密度下比电容的变化曲线图；
(d)α-Ni(OH)$_2$ 和 α-Ni(OH)$_2$/RGO 复合物分别在 2 000 圈循环前后的 Nyquist 对比图，内插图为 α-Ni(OH)$_2$/RGO 的等效电路图；(e)α-Ni(OH)$_2$ 和 α-Ni(OH)$_2$/RGO 复合物在频率为 100 kHz～0.01 Hz，电压振幅为 5 mV 时的 Bode 图；(f)不同电流密度下，α-Ni(OH)$_2$ 和 α-Ni(OH)$_2$/RGO 复合物的循环稳定性测试图

第7章 层状 α-Ni(OH)$_2$/RGO 复合物的制备及其非对称超级电容器性能研究

通过在 6 mol/L KOH 电解液中使用以 α-Ni(OH)$_2$/RGO 为正极、活性炭(AC)为负极的非对称超级容电器(图 7.7),进一步研究 α-Ni(OH)$_2$/RGO 电极材料在实际设备中的应用情况。在 0~1.8 V 的宽电压范围和 5~50 mV/s 的不同扫速下,α-Ni(OH)$_2$/RGO//AC ASC 的 CV 曲线呈现出一个大的电流面积并有较宽的氧化还原峰,表明在 ASC 中含有赝电容和双电层电容特性。在 1.3 V 和 1.7 V 处有一对明显的氧化还原峰,对应着 Ni(OH)$_2$ 到 NiOOH 的电化学转换过程。随着扫速的增加,CV 曲线的形状几乎不变,表明电容的稳定性高。ASC 在 0~1.8 V 电压范围内、不同电流密度下的充放电曲线图[图7.7(b)],展示出长的放电时间和高的倍率特性。在电流密度为 1 A/g 时,总比电容高达 168.8 F/g,当电流密度为 10 A/g 时,比电容仍能达到 114.5 F/g,这表明层状结构的 α-Ni(OH)$_2$/RGO 为 ASCs 提供高电化学活性和稳定性,由于内阻的存在,ASCs 充放电曲线不完全对称。图 7.7(c)显示当电流密度为 4 A/g 时,α-Ni(OH)$_2$/RGO//AC 的初始比电容为 133.8 F/g,经过 2 000 圈充放电循环后,其电容保持率高达 92.4%,比电容的轻微下降归因于电极材料和电解质之间的不可逆反应[283]。如 Ragone 图[图 7.7(d)]所示,α-Ni(OH)$_2$/RGO//AC ASC 在功率密度为 905.5 W/kg 时,输出了 76 W·h/kg 的高能量密度,当功率密度高达 8 512.6 W/kg 时,其能量密度仍为 51.5 W·h/kg,本文的最大能量密度和功率密度比其他文献报道的非对称超级电容器的高,例如 Ni(OH)$_2$/AC/CNT//AC(32.3 W·h/kg 在 504.8 W/kg 时)[284]、石墨烯/NiCo$_2$O$_4$/AC(7.6 W/kg 在 5 600 W/kg 时)[285]、Co$_3$O$_4$//碳气凝胶(10.44 W·h/kg 在 7 500 W/kg 时)[286]、NiCo$_2$O$_4$@Ca(OH)$_2$//AC(35.89 W·h/Kg 在 400W/kg 时)[287]、CoMn LDH/泡沫镍//AC(4.4 W·h/kg 在 2 500 W/kg 时)[288]。文中的 α-Ni(OH)$_2$/RGO/AC ASC 具有良好的能量储存能力主要是由于层状结构的高离子渗透性和 0~1.8 V 的宽电压范围。α-Ni(OH)$_2$/RGO 电极优异的电化学性能归因于以下特征:①α-Ni(OH)$_2$ 拥有比 β-Ni(OH)$_2$ 更好的电化学性能;②剥离后的 α-Ni(OH)$_2$ 纳米片为 OH$^-$ 和水分子提供了更多的与其位面边缘和夹层接触的机会;③石墨烯与 α-Ni(OH)$_2$ 纳米片之间的紧密接触可以显著降低它们之间的接触电阻;④超薄的 α-Ni(OH)$_2$ 层与石墨烯结合在一起,为 3D 石墨烯纳米薄片提供了丰富的多孔结构,为复合物提供了大量活性面积,使电解质能更容易接触到 α-Ni(OH)$_2$;⑤在充放电过程中,α-Ni(OH)$_2$ 发生了体积变化和质量损失,石墨烯作为基质减缓了活性物质的体积膨胀和收缩,从而提高了复合物的循环稳定性。因此,α-Ni(OH)$_2$/RGO 电极在能源供应系统中表现出了更优异的电化学性能。

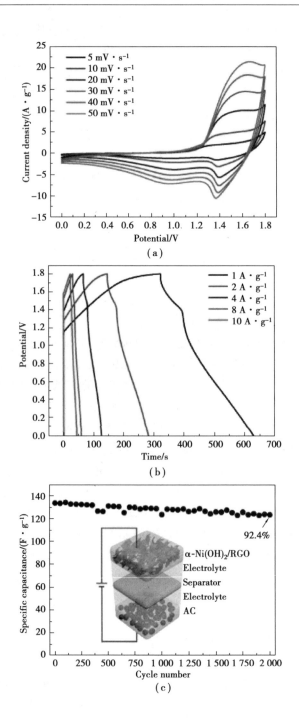

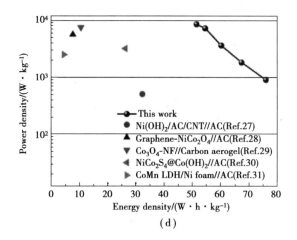

图7.7 (a)在6 mol/L KOH 电解液中,不同的扫速下 α-Ni(OH)$_2$/RGO//AC 非对称超级电容器的 CV 曲线图;(b)α-Ni(OH)$_2$/RGO//AC 在不同电流密度下的充放电曲线图;
(c)在电流密度为4 A/g 时,α-Ni(OH)$_2$/RGO//AC 的循环性能图和组装示意图;
(d)非对称超级电容器的能量对比图

7.4 本章小结

本实验通过在甲酰胺中剥离出带正电的 α-Ni(OH)$_2$ 纳米片,并将带正电的 α-Ni(OH)$_2$ 纳米片与 GO 悬浮液混合沉淀,然后用水合肼还原,成功制备出了具有层状结构的α-Ni(OH)$_2$/RGO复合物。在三电极体系中,当电流密度为 1 A/g 时,该材料获得了 1 568.3 F/g 的高比电容及高倍率特性。α-Ni(OH)$_2$/RGO//AC 装置在功率密度为 905.5 W/kg 时输出了 76 W·h/kg 的高能量密度。即使在最大功率密度为 8 512.6 W/kg 时,ASC 仍输出 51.5 W·h/kg 的能量密度。经过 2 000 圈充放电循环后,α-Ni(OH)$_2$/RGO//AC ASC 的比电容只降低了 7.6%。结果表明,α-Ni(OH)$_2$/RGO//AC ASC 作为能量存储设备具有广阔的应用前景。

第 8 章 含 Co_3O_4 自组装的 3D graphene 气凝胶的制备及其电容器性能研究

8.1 引 言

近年来,小型便携式电子设备因具有灵活、轻质、安全等特性而被广泛应用于智能电话、电子纸及可穿戴、折叠电子设备。超级电容器虽然具有功率密度高、充放电速率快、循环稳定性好等优势,但是其能量密度低,显著限制了其快速发展[289]。所以人们致力于拓展非对称超级电容器(ASC)的电压范围用以提高其能量密度。目前,组装 ASC 时将电池型赝电容电极作为能量源、将电容型电极作为功率源,成为扩大电压范围的一种有效途径[290]。针对传统有机电解液离子导电性差、毒性高、易泄漏等缺点,科学家们开发出了便携式、环境友好型及高稳定性的全固态非对称超级电容器(SASC)。

制备高功率密度和高能量密度的 SASC 的关键是选择性能优异的电极材料,因此许多高功率密度和高能量密度的赝电容材料被开发了出来[291],其中,Co_3O_4 以其价格低廉、环境友好、比电容高等优点成为最有前途的材料之一。通常制备 Co_3O_4 需要经过焙烧,但这容易引起结构的坍塌,而且单纯的过渡金属氧化物电极材料的导电性和循环稳定性差。针对上述问题,向 Co_3O_4 中引入碳材料,如活性炭、石墨烯、碳纳米针及碳纳米管等成了新的研究热点[292]。在这些不同类型的碳材料中,石墨烯以其超高的比表面积、优异的导电性及良好的柔韧性,被认为是杰出的电容材料。最近,石墨烯气凝胶(GA)发展迅猛,因为在 GA 的三维空间中,超薄的石墨烯片彼此堆叠形成交错的多孔微观结构,使电解液更容易进入电极的表面和内部[286,293]。相比于 2D 石墨烯片,GA 拥有更大的表面积、更高效的传递性及更好的机械性能,GA 与 Co_3O_4 复合形成的多孔 Co_3O_4/GA 复合物被视为一种非常优异的赝电容电极材料。非对称电容器的性能不仅取决于正极,而且也受负极材料的制约,因此以 3D Co_3O_4/GA 复合物为正极、GA 为负极、聚合物凝胶为电解质组装成的 SASC 输出的电压范围宽、能量密度高、功率密度高。

本章实验通过简单的一步水热法合成 3D Co_3O_4/GA 复合物,由于 Co_3O_4 微球具有大比表面积,石墨烯片又能提供有效的电荷传输路径,所以 Co_3O_4/GA 电极获得了 1 456.3 F/g 的高比电容、良好的倍率特性和循环稳定性。而且以 Co_3O_4/GA 为正极、GA 为负极、LiOH/PVA 凝胶为电解质组装成的 SASC 在功率密度为 648.9 W/kg 时,输出的最大能量密度为 68.1 W·h/kg。

8.2 实验部分

8.2.1 Co_3O_4/GA 复合物的制备

采用 Hummers 法将天然石墨粉制备成氧化石墨(GO)[234],再将 0.5 mmol 的 $Co(NO_3)_2·6H_2O$ 放入 10 mL 2 mg/mL 的 GO 水溶液中,然后用尿素将混合液的 pH 值调至 10,再将混合液放入反应釜中,于 180 ℃下加热 12 h,最后将产物冷冻干燥成气凝胶,待用。作为对比实验,反应液中未添加石墨烯,将通过相同的操作步骤所得的产物命名为产物 1。

8.2.2 GA 的制备

将 10 mL 2 mg/mL 的 GO 水溶液放入反应釜中,于 180 ℃下加热 12 h,然后冷却至室温,将所制备的石墨烯水凝胶冷冻干燥 48 h 后得到最终产物为 GA。

8.2.3 SASCs 的制备及电化学性能测试

全部电化学测试是在 CHI660D 电化学工作站的两电极体系或三电极体系下进行的。Co_3O_4/GA 和 GA 分别作为 SASCs 的正、负极,SASCs 组装过程如下:在 80 ℃下,将 10 g 聚乙烯醇(PVA)溶解到 100 mL 蒸馏水中,搅拌 20 min,然后将 100 mL 5 g 的 LiOH 溶液逐步加入上述溶液中,搅拌,直至混合液澄清并形成凝胶电解质。将非对称电极部分浸入凝胶电解质中,随着凝胶电解质的凝固,形成了"三明治"结构的全固态电容器装置。

SASC 比电容的计算公式如下:

$$C = \frac{I\Delta t}{\Delta Vm} \quad (8.1)$$

其中,I 为电流,Δt 为放电时间,ΔV 为电压,m 为活性物质的质量。

SASC 的能量密度 E 和功率密度 P 的计算公式如下:

$$E = \frac{1}{2}C\Delta V^2 \quad (8.2)$$

$$P = \frac{E}{\Delta t} \quad (8.3)$$

8.3 结果与讨论

8.3.1 材料表征

图 8.1 为 GO、GA、产物 1 和 Co_3O_4/GA 的 XRD 图。GO 在 11.4°处出现了一个尖锐的衍射峰,其所对应的层间距为 7.7 Å(曲线 a),由曲线 b 可知,原 GO 的衍射峰消失,在 2θ = 24.5°处出现了 GA 的(002)峰,对应的层间距为 3.6 Å,说明石墨烯片之间存在 π—π 键,并已通过水热法将 GO 还原成石墨烯。产物 1 的 XRD 图(曲线 c)中的衍射峰分别对应着立方相 Co_3O_4 的 (111)、(220)、(311)、(222)、(400)、(422)、(511)、(440)晶面和六方相 $Co(OH)_2$ 的(100)、(101)、(102)、(110)、(111)、(103)晶面,表明产物 1 为 $Co_3O_4/Co(OH)_2$ 复合物。在 Co_3O_4/GA 曲线中,所有 Co_3O_4 的特征衍射峰都存在,但未检测出石墨烯的(002)峰,表明剩余的石墨烯片可能是单层的,并且均匀地分散在三维骨架中。所以,碱性水热法不仅加速了 GO 的还原,而且还有益于 Co_3O_4 的形成。

GO、GA、产物 1、Co_3O_4/GA 的红外光谱见图 8.2。Co_3O_4/GA 在 1 726, 1 400,1 065 cm^{-1} 处未出现衍射峰(曲线 d),说明 GO 表面上的羧基、羟基、环氧基团已被去除,形成了石墨烯,在 1 625 cm^{-1} 处的衍射峰则对应碳骨架的伸缩振动峰。曲线 c 中,3 632 cm^{-1}处对应着Co—OH官能团 O—H 键的伸缩振动[294];在3 437 cm^{-1}处的宽峰对应着水分子 O—H 键的伸缩振动;低频区 580 和 665 cm^{-1}处为 Co—O 的伸缩振动峰,494 cm^{-1}为 Co—OH 的弯曲振动峰[295,296]。由此可见,立方相的 Co$_3$O$_4$ 和 Co(OH)$_2$ 共存于产物 1 中。在 Co$_3$O$_4$/GA 的红外图中,Co—OH 特征峰全部消失,Co—O 的伸缩振动峰仍然存在,表明 Co$_3$O$_4$/GA 是由石墨烯和 Co$_3$O$_4$ 组成的,该结果与 XRD 谱图一致。

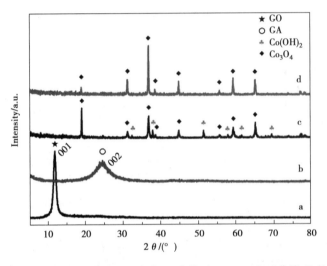

图 8.1　GO(曲线 a)、GA(曲线 b)、产物 1(曲线 c)、Co$_3$O$_4$/GA(曲线 d)的 XRD 图

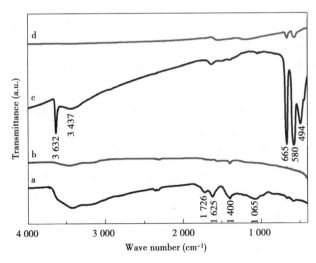

图 8.2　GO(曲线 a)、GA(曲线 b)、产物 1(曲线 c)、Co$_3$O$_4$/GA(曲线 d)的 FTIR 图

由 Co_3O_4/GA 的 TG 曲线图(图 8.3)可知,在 330 ℃ 左右发生了主要的质量损失,这是复合物中石墨烯分解造成的。TG 图显示复合物中石墨烯和 Co_3O_4 所占的质量比分别为 22% 和 78%。

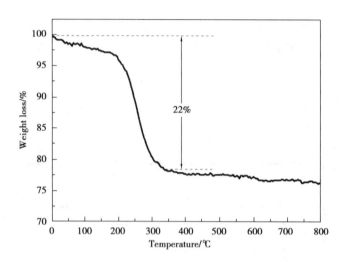

图 8.3　Co_3O_4/GA 在空气气氛下测试的 TG 曲线图

如图 8.4(a)所示,GA 拥有大量的、彼此交错生长的多孔结构,孔尺寸在微米级别,孔壁由层状的超薄石墨烯片组成。产物 1 的 SEM 图[图 8.4(b)]显示出 $Co(OH)_2$ 主要是由 2D 疏松的、长度为 1~2.5 μm 的六边形片组成的,其表面光滑,周围分布着一些不规则的纳米晶。在 Co_3O_4/GA 复合物中[图 8.4(c)],Co_3O_4 微球均匀地分散在 GA 网络中,未发生团聚现象,并通过 TEM 图[图 8.4(d)]可知,直径约为 150 nm 的微球紧密地附着在超薄石墨烯片上,未发生石墨烯片与微球分离的现象。

图 8.5 为 3D 多孔 Co_3O_4/GA 复合物的 N_2 吸附/脱附曲线图。由图可看出,一个典型的 III 型等温线伴随着 H1 迟滞环,这表明该物质具有介孔和大孔结构。Co_3O_4/GA 复合物中的 3D 孔道结构提供了大量的有效通道,使其 BET 比表面积高达 139 m^2/g。Co_3O_4/GA 的孔径分布图(内插图)显示了其孔径分布在 1~100 nm,孔体积为 0.178 cm^3/g,平均孔径为 9.8 nm,独特的多孔结构促进了电子和离子的快速传输,从而提高了其电化学性能。

第 8 章　含 Co_3O_4 自组装的 3D graphene 气凝胶的制备及其电容器性能研究

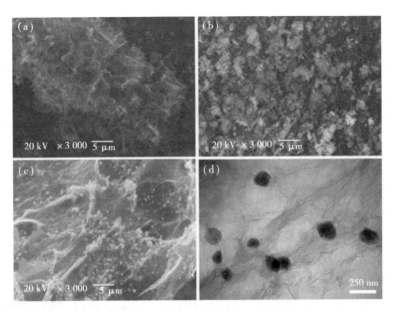

图 8.4　(a) 纯 GA 的典型 SEM 图;(b) 产物 1 的 SEM 图;(c) Co_3O_4/GA 的 SEM 图;(d) Co_3O_4/GA 的 TEM 图

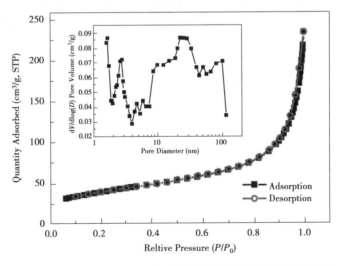

图 8.5　Co_3O_4/GA 的 N_2 吸附/脱附曲线和孔径分布图(内插图)

8.3.2 电化学性能研究

将 Co_3O_4/GA 和 GA 电极放入含有 6 mol/L KOH 电解液的三电极体系中检测其电化学性能。图 8.6(a)展示了 Co_3O_4/GA 电极在扫速为 5~100 mV/s 时的循环伏安曲线图,该曲线中有一对明显的氧化还原峰,是由 Co_3O_4 提供的赝电容引起的,随着扫速的增加,CV 曲线面积逐渐变大,氧化还原峰不断增强,并且氧化峰逐渐向正极移动,还原峰逐渐向负极移动,这可能是电极材料极化造成的[297]。而 GA 的 CV 曲线图则呈现出接近于矩形的形状[图 8.6(b)]。与纯 GA 相比,Co_3O_4/GA 具备更高的响应电流,表明 Co_3O_4 的引入增加了复合物的电容。Co_3O_4/GA 电极在电解液中的反应方程式如下[191]:

$$Co_3O_4 + OH^- + H_2O \Longleftrightarrow 3CoOOH + e^+ \qquad (8.4)$$

$$CoOOH + OH^- \Longleftrightarrow CoO_2 + H_2O + e^- \qquad (8.5)$$

另外,当扫速由 5 mV/s 增加到 100 mV/s 时,Co_3O_4/GA 的 CV 曲线形状未发生明显的变化,说明电极材料的电化学稳定性高、扩散效率高。在 Co_3O_4/GA 的充放电图[图 8.6(c)]中,曲线具有高度的对称性,说明该电极的库仑效率高、极化现象不明显。由 GA 的恒流充放电图[图8.6(d)]可知,曲线呈三角形,且对称性优异,没有明显的电压降,表明该电极材料具有快速的 *I-V* 响应性和电化学可逆性。

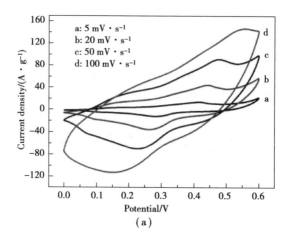

(a)

第8章 含 Co_3O_4 自组装的 3D graphene 气凝胶的制备及其电容器性能研究

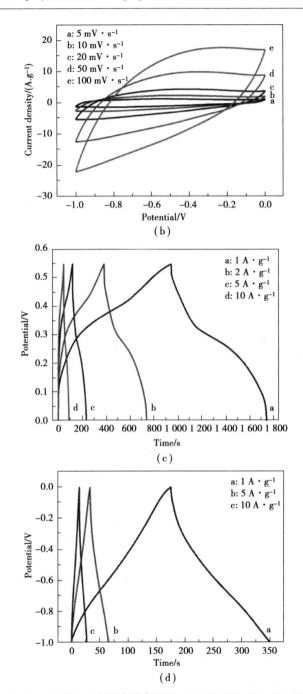

图 8.6 (a)Co_3O_4/GA;(b)GA 电极材料在扫速为 5,10,20,50,100 mV/s 下的 CV 曲线图;
(c)Co_3O_4/GA;(d)GA 电极材料在不同电流密度下的充放电曲线图

从图8.7看出,在电流密度为1 A/g、2 A/g、5 A/g、10 A/g时,Co_3O_4/GA电极的比电容分别为1 456.3 F/g、1 279.5 F/g、1 058.2 F/g、798.4 F/g,即使电流密度高达10 A/g时,其电容保持率仍为54.8%,说明其具有良好的电化学可逆性及充放电性能。在高电流密度下,Co_3O_4/GA电极发生氧化还原反应的速率快,这是因为Co_3O_4/GA电极自身的3D多孔结构提高了离子渗透率,石墨烯表面上的Co_3O_4微球增加了活性位点。另外,当电流密度由1 A/g增加到10 A/g时,GA的比电容值由175.5 F/g仅下降到134.8 F/g,这又表现出了良好的倍率特性。

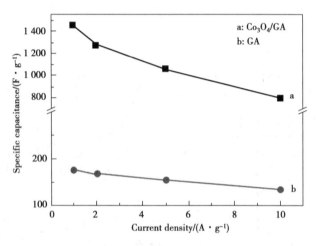

图8.7 Co_3O_4/GA和GA在不同电流密度下的比电容对比图

以Co_3O_4/GA为正极、GA为负极、LiOH/PVA凝胶为电解质组装成SASC,用于检测Co_3O_4/GA复合物的电容性能。图8.8(a)为该SASC在不同电压范围下的CV曲线,即使电压高达1.6 V时,SASC仍表现出稳定的赝电容和双电层电容性能。当电压为1.2 V时,存在对称的氧化还原峰,这是由正极材料引起的;当电压增加到1.8 V时,由于Co_3O_4的分解导致极化,使得矩形CV曲线发生了部分偏移。图8.8(b)为电压1.4 V时SASC在不同扫速下的CV曲线,即使扫描速率高达100 mV/s时,CV曲线的形状仍保持良好,在1 V左右处,SASC有一对较弱的氧化还原峰,表明该反应有弱的赝电容和强的双电层电容。图8.8(c)展示了SASC在不同电流密度下的恒流充放电曲线。在电压范围0~1.3 V时,曲线呈良好的对称性,说明装置拥有出色的电化学可逆性及电容特性,而且随着电流密度的增加,其库仑效率由92.2%

第8章 含 Co_3O_4 自组装的 3D graphene 气凝胶的制备及其电容器性能研究

提升到 96.8%,有助于 SASC 的能量利用。当电流密度为 1 A/g 时,SASC 装置的比电容值高达 292.3 F/g[图 8.8(d)],表明聚合物凝胶电解质有效地浸入了 3D 石墨烯网络;当电流密度为 10 A/g 时,SASC 的比电容仍保持在 146.5 F/g,说明此 SASC 装置具有良好的倍率特性。

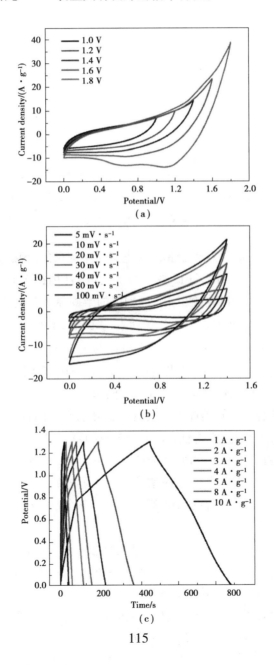

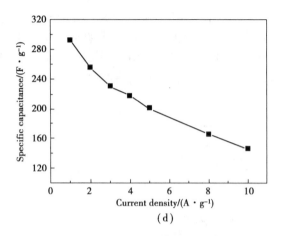

图 8.8 （a）扫速为 40 mV/s、在不同电压范围 1～1.8 V 下的 SASC 装置 CV 曲线图；
（b）电压范围为 1～1.4 V、在不同扫描速率 5～100 mV/s 下的 SASC 装置 CV 曲线图；
（c）在不同电流密度 1～10 A/g 下的 SASC 的恒流充放电图；（d）SASC 在不同电流密度下的比电容值图

超级电容器的 EIS 是在聚合物凝胶电解质中测试的，测试范围为 0.005～100 kHz。如图 8.9(a)所示，EIS 数据与等效电路（内插图）完全吻合，R_s 为 1.2 Ω，表示电解液电阻和接触电阻，高频区的半圆弧近似代表电荷转移电阻 R_{ct}，SASC 的 R_{ct} 为 0.9 Ω，说明电解质与电极表面间有良好的电荷传递性[298,299]。低频区的直线为 Z_w，是由电解液与电极表面间的离子扩散/转移的频率变化引起的[300,301]，SASC 装置的 Z_w 相对垂直，表明 Co_3O_4/GA 电极的多孔结构有益于电解液的渗透和离子/电子的转移。综上所述，SASC 装置的内阻小、离子扩散性好，石墨烯水凝胶具有优异的空间网状结构，从而可获得高比表面积、高电解液渗透性，使 3D Co_3O_4/GA 电极材料拥有高比电容（292.3 F/g）。由图 8.9(b)可知，SASC 装置在 5 A/g 电流密度下多次充放电的过程中，前 150 圈比电容值小幅增加，这是由电极材料活化引起的，经过 1 000 圈充放电后，其比电容的保持率高达 91.3%，说明该装置具有优异的循环稳定性。

能量密度和功率密度用于评价超级电容器的性能，图 8.10 展示了 SASC 装置的能量密度和功率密度。在功率密度为 648.9 W/kg 时，SASC 能量密度高达 68.1 W·h/kg，即使功率密度为 6.5 kW/kg 时，其能量密度仍为 34.3 W·h/kg，该 SASC 的能量密度和功率密度高于当前部分研究学者的研究结果[302-304]。SASC 具有优异的电化学性能,其原因包括:①Co_3O_4/GA 材料有彼此交错的多孔结构,在氧化还原反应过程中有利于电解液离子的扩散;②Co_3O_4 微球均匀堆积在石墨烯片的两侧,提高了 Co_3O_4 的利用率,降低了充放电过程中 Co_3O_4 的体积变化;③多孔 GA 作为负极材料,提供了大量双电层电容,加快了水合离子传输,提高了其能量存储能力。

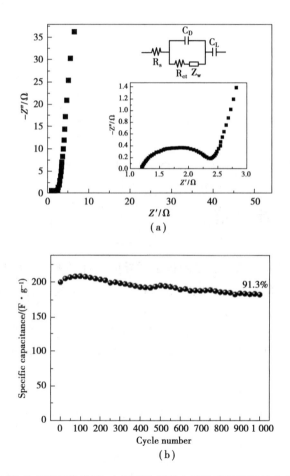

图 8.9 (a)SASC 的交流阻抗谱图,内插图为等效电路和高频区的放大图;(b)SASC 装置在 5 A/g 的电流密度下充放电 1 000 圈后的循环性能图

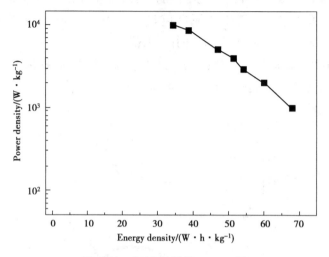

图 8.10　SASC 装置的 Ragone 图

8.4　本章小结

本实验通过简单的水热法制备出了导电性优异的 Co_3O_4/GA 复合物,其中 Co_3O_4 微球均匀地嵌入彼此交错的石墨烯水凝胶网络,此 3D 多孔结构提供了大量可接触面积。以 Co_3O_4/GA 为正极、GA 为负极、LiOH/PVA 凝胶为固态电解质组装成的 SASC 拥有高比电容、高功率密度和高能量密度。此合成方法简单,易于操作,适合规模化生产,为凝胶复合物广泛应用于超级电容器领域提供了新的研究方向。

第9章 一步水热法制备的FeG复合物及其电化学性能研究

9.1 引 言

随着人类生活环境的持续恶化和不可再生资源的过度消费,清洁能源及新型储能装置越来越引起人们的关注。超级电容器,作为新型储能装置,由于其功率密度高、充电时间快、循环稳定性好而备受瞩目[305-307]。通过电极材料的电荷存储机理,SCs通常被分为两类:双电层电容器和赝电容器。双电层电容器通过电极和电解液表面的静电积累储存能量,而赝电容器的运行主要通过发生在电极表面上的快速、可逆的氧化还原反应来实现[308]。所以,与基于各种碳材料的EDLCs相比,赝电容器具有更高的比电容和能量密度[309]。

低价、环境友好的过渡金属化合物,如Co_3O_4、$Ni(OH)_2$、MnO_2、V_2O_5、CoS和Fe_2O_3被视为理想的赝电容器电极材料。最新研究表明,赝电容器电极基于其潜在的电荷存储机理分为电池型电极和SCs电极[310],SCs电极储能由快速、可逆的法拉第氧化还原反应的表面过程决定,而电池型电极储能是基于电极材料晶型骨架中的阳离子扩散作用[311]。在过渡金属化合物中,FeOOH以其理论电容值高、生产成本低、来源丰富和无毒性被认为是更优异的电极材料[184],与其他金属化合物相比,它还可以作为负极应用于SCs。然而,铁化合物(FeOOH、Fe_3O_4、Fe_2O_3)有两个明显的不容忽视的缺点:电阻大和循环稳定性差[185]。为了有效地克服这两个缺点,科学家们采用了调整铁化合物形态或引入导电物质的方法。导电物质包括碳基材料和金属材料,其中,石墨烯基材料更具希望,它可通过可逆的离子吸附/脱附过程和电极/电解液表面官能团的氧化还原反应来存储电荷[312],其电容强烈依赖于活性元素的局域电子和化学环境。

本章实验采用简单的一步水热法制备 α-FeOOH/graphene(FeG)复合物(其中 α-FeOOH 纳米棒均匀地锚在石墨烯片上),并阐述了复合物可能的形成机理。FeG 充分发挥了 α-FeOOH 赝电容和石墨烯 EDL 电容之间的协同效应,当电流密度为 0.5 A/g 时,获得高的比电容(258.2 F/g)以及良好的倍率性能,经大电流密度 10 A/g 循环 2 000 圈后,电容保持率仍为 90.2%,结果表明 FeG 复合物作为一种理想的负极材料在 SCs 应用中表现出了优异的电化学性能。

9.2 实验部分

9.2.1 材料的制备

通过改进的 Hummers 法将片状石墨粉制备成氧化石墨(GO)[99,234],然后采用水热法制备 FeG 复合物。首先将 16 mL GO 溶液(0.9 g/L)超声 0.5 h,再将 0.22 g $FeSO_4$ 放入 GO 中继续超声 20 min,然后加入 16 mL 无水 CH_3COONa 溶液(8.2 g/L)形成棕色溶液,最后将上述溶液放入 50 mL 反应釜中于 100 ℃下加热 8 h,所得产物经水洗后醇洗、干燥。作为对比,用 16 mL 蒸馏水代替 GO 溶液,并通过上述方法制备纯 α-FeOOH。

9.2.2 电极的制备和电化学表征

样品、乙炔黑与 PTFE 以质量比 75∶20∶5 混合后涂抹在泡沫镍基底(10 mm×10 mm×1.0 mm)上,经干燥箱干燥后作为工作电极,1 cm^2 铂片作为对电极,饱和甘汞电极(SCE)作为参比电极,所有测试都在传统的三电极体系下完成,电解液为 1.0 mol/L Li_2SO_4 溶液,电压范围为 −0.8 ~ −0.1 V。

9.3 结果与讨论

9.3.1 材料表征

图 9.1 为 GO、α-FeOOH 和 FeG 复合物的 XRD 谱图。曲线 a 中,在 $2\theta = 11°$ 处的特征衍射峰对应着 GO 的(001)晶面,并与 GO 的晶面间距(0.8 nm)相一致,远大于纯石墨的晶面间距(0.34 nm),这是含氧官能团的引入造成的,说明石墨已经被氧化成 GO[313]。曲线 b 中,所有的衍射峰都对应着斜方晶系的 α-FeOOH 相,其晶格常数为 $a = 4.608$ Å, $b = 9.956$ Å, $c = 3.022$ Å (JCPDS 29-0713),并未发现其他杂峰。对于 FeG 材料(曲线 c),所有的衍射峰位置都与 α-FeOOH 晶体的标准卡片一致,衍射峰较宽说明形成纳米棒的尺寸较小[314]。此外,GO 的(001)峰几乎消失,表明在复合物中 GO 已经被有效地还原成了层状石墨烯片。

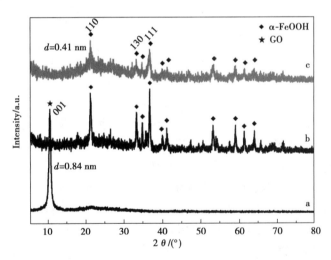

图 9.1 GO(曲线 a)、纯 α-FeOOH(曲线 b)和 FeG 复合物(曲线 c)的 XRD 谱图

以上研究结果在 FTIR 谱图中也得到了证明(图 9.2)。GO 在 1 227 cm^{-1} 和 1 077 cm^{-1} 处有明显的吸收峰,分别对应着—C—OH 和—C—O 官能团[315],在 1 729 cm^{-1} 处的吸收峰为羰基和羧基中 C═O 官能团典型的特征

峰[316],在 1 610 cm^{-1}和 1 396 cm^{-1}处的吸收峰对应着 GO 表面 C=C 和 C—H 官能团的拉伸振动峰[317]。对于 FeG 复合物,C=O 振动峰消失,由于含氧官能团的消除,C—OH 和 C—O 振动峰大幅减弱,说明 GO 在复合物中已被还原成石墨烯。在 893,795,620 cm^{-1}处的强吸收峰分别对应着 α-FeOOH 的 Fe—O—H 弯曲振动和 Fe—O 拉伸振动[318],在 3 133 cm^{-1}处的峰对应着 α-FeOOH 的 O—H 拉伸模式,结果证明 FeG 复合物中含有 α-FeOOH。

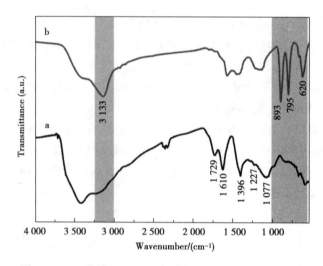

图 9.2 GO(曲线 a)和 FeG 复合物(曲线 b)的 FTIR 谱图

图 9.3(a)是 GO 和 FeG 复合物的 XPS 光谱图。由图可知,FeG 中存在 Fe、O 和 C 元素。FeG 的 C 1s XPS 谱图[图 9.3(b)]通过不同的含氧官能团证明 FeG 的氧化或还原程度,在 284.4 eV 处石墨烯的 sp^2 C—C 峰明显升高,碳的含氧峰(在 286.3 eV 处的 C—O 环氧基团,在 288.8 eV 处的 C=O 基团)大幅降低,说明 GO 被 Fe^{2+}成功还原成石墨烯[319]。在 Fe 2p 芯能级的高分辨 XPS 谱图[图 9.3(c)]中,711.5 eV 处的光电子峰(Fe 2p 3/2)伴随着 719.9 处的卫星峰、725.3 eV 处的光电子峰(Fe 2p 1/2)及 733.4 eV 处的振动卫星峰,它们均对应着 α-FeOOH 的特征峰[320]。由图 9.3(d)可知,O 1s 光谱中 530.2,531.5,532.6 eV 处的 3 个峰分别对应着 Fe—O、Fe—O—C、Fe—OH 基团[321],Fe—O—C 基团的存在证明了 α-FeOOH 与石墨烯之间的连接作用。

第 9 章 一步水热法制备的 FeG 复合物及其电化学性能研究

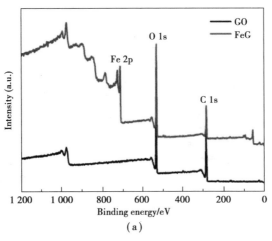

(a)

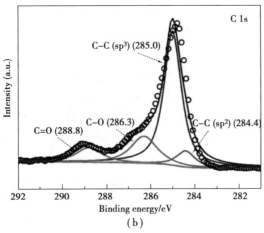

(b)

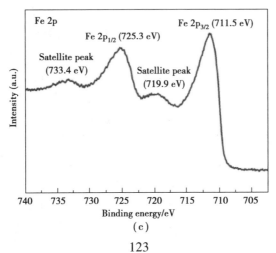

(c)

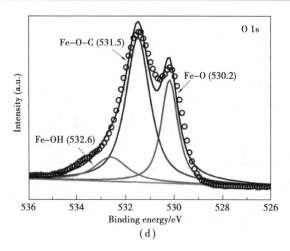

图 9.3 （a）GO 和 FeG 复合物的 XPS 光谱图；（b）FeG 复合物的 C 1s XPS 光谱图；（c）Fe 2p XPS 光谱图；（d）O 1s XPS 光谱图

图 9.4 为纯 α-FeOOH 棒和 FeG 复合物在不同放大倍数下的 TEM 图。图 9.4（a）和（b）中，α-FeOOH 棒表面光滑，直径为 15～30 nm，长度为 150～300 nm，纵横比大于 10，且横截面垂直于长轴[322]，部分 FeOOH 棒团聚严重，颗粒尺寸也不规则。如图 9.4（c）所示，FeOOH 纳米棒均匀地锚在石墨烯片表面上，其平均直径为 21 nm，平均长度为 45 nm，尺寸明显小于纯 α-FeOOH 棒。有趣的是 FeG 复合物中的 FeOOH 纳米棒两端的横截面呈弧形，这使其获得了更大的比表面积[323]。如图 9.4（d）所示，在石墨烯表面发现了大量透明的褶皱，可以阻止 α-FeOOH 纳米棒团聚，使其均匀地分散在石墨烯片上，反过来，对 α-FeOOH 纳米棒来说，石墨烯片的引入又改变了其均匀度、形态及尺寸。

通过一步水热法制备 α-FeOOH 和 FeG 复合物的过程如图 9.5 所示。首先，将 $FeSO_4$ 加入 GO 溶液中，Fe^{2+} 与 GO 片通过静电作用力相互吸引，然后 Fe^{2+} 逐渐被 GO 表面的含氧官能团（如羧基和羟基基团）氧化成 Fe^{3+}[319,324]。官能团提供锚点，使 β-FeOOH 原位沉积在还原氧化石墨表面上，经过一段时间，β-FeOOH 晶体通过分解/再结晶转化成 α-FeOOH[318]。在 α-FeOOH 晶体生长过程中，其紧密地吸附在了石墨烯表面，从而有效地限制其晶体生长[325]，使得 FeG 复合物中 α-FeOOH 纳米棒的纵横比较小。另外，石墨烯片上装饰 α-FeOOH 纳米棒可以阻止石墨烯片堆叠，使其具有高比表面积。然而，纯 α-FeOOH 棒由于未加入 GO 溶液而随意生长，易发生团聚，造成体积比复合物中的 α-FeOOH 纳米棒大。石墨烯和 α-FeOOH 纳米棒间的紧密作用使 FeG 具

第9章 一步水热法制备的 FeG 复合物及其电化学性能研究

有快速的电子传递能力和良好的适应体积变化能力,从而提高其电化学性能。

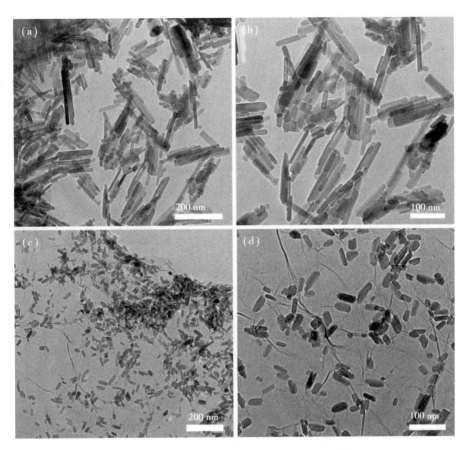

图 9.4 (a) 纯 α-FeOOH 的 TEM 图;(b) 纯 α-FeOOH 的 HRTEM 图;
(c) FeG 复合物的 TEM 图;(d) FeG 复合物的 HRTEM 图

图 9.6 为 N_2 吸附/脱附等温线图,该图用于研究 α-FeOOH 和 FeG 复合物的多孔性。FeG 复合物的 N_2 吸附/脱附等温线为 IV 型等温线,具有 H_3 型迟滞环,而 α-FeOOH 的等温线未出现明显的迟滞环,归类为 III 型。FeG 的 BET 比表面积为 164.2 m^2/g,明显大于纯 α-FeOOH(54.4 m^2/g)。小晶体粒径和多孔结构使 FeG 获得较大的比表面积,也便于电解液进入。FeG 和 α-FeOOH 的孔体积分别为 0.46 cm^3/g 和 0.41 cm^3/g,孔径分布分别在 3~20 nm 和 3~5 nm。FeG 内存在一定量的介孔,这是由其层间结构决定的,较宽的孔径分布有助于提高电解液离子的转移和渗透并且减缓 FeOOH 纳米棒在充放电过程

中的体积变化[326]。FeG 具有大比表面积和宽孔径分布,可以提供更多的活性位点,从而更有效地利用 FeOOH 的赝电容,进一步提高复合物电极的电化学性能。

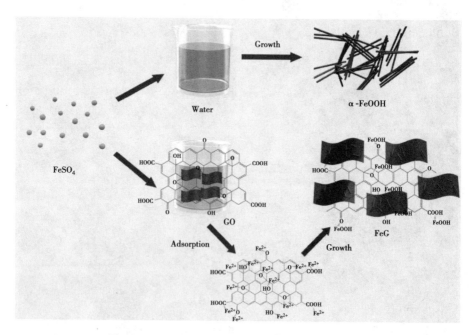

图 9.5　α-FeOOH 和 FeG 复合物的合成过程示意图

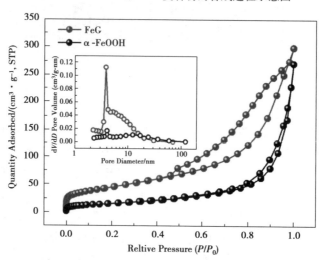

图 9.6　α-FeOOH 和 FeG 复合物的 N_2 吸附/脱附等温线及孔径分布图(内插图)

9.3.2 电化学性能研究

在三电极体系下测试 FeG 复合物和 α-FeOOH 的电化学性能,电解液为 Li_2SO_4 水溶液。图 9.7(a) 和 (b) 展示了 FeG 和 α-FeOOH 电极在 -0.8 ~ -0.1 V 的电压范围内不同扫速下的 CV 曲线对比图。在不同扫速下,FeG 电极的 CV 曲线呈现矩形,表明该电极材料具有良好的 EDLC 行为及优异的电荷运输能力。而 α-FeOOH 电极的 CV 曲线具有一对较弱的氧化还原峰,反应过程如下[327]:

$$FeOOH + xLi^+ + xe^- \rightleftharpoons FeOOHLi_x \qquad (9.1)$$

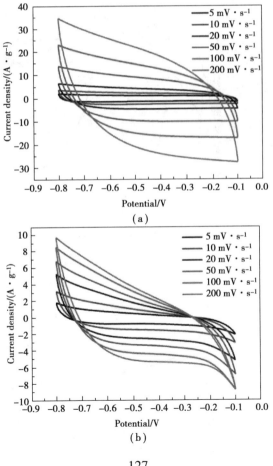

(a)

(b)

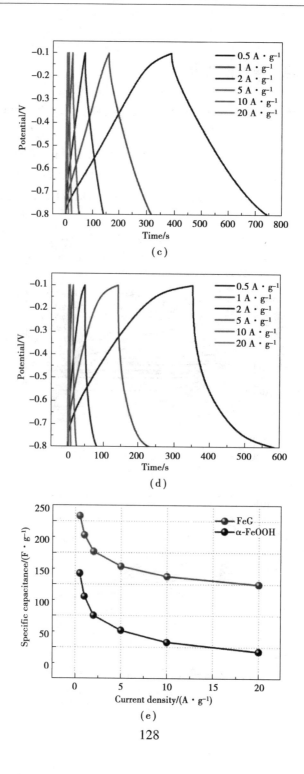

第9章 一步水热法制备的 FeG 复合物及其电化学性能研究

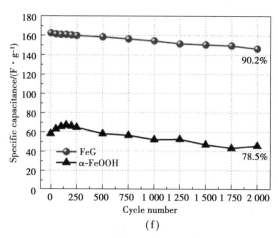

(f)

图 9.7 FeG 复合物和 α-FeOOH 电极在三电极体系中的 CV 曲线图[(a)(b)]、
恒电流充放电图[(c)(d)]、比电容值变化图(e)、循环稳定性图(f)

在氧化还原过程中,锂离子发生嵌入和脱出。不同扫速下,FeG 电极 CV 曲线包含的面积明显大于 α-FeOOH 电极,说明 FeG 拥有更高的比电容,石墨烯的加入使氧化还原峰消失,这是由双电层电容的特性造成的。FeOOH 和石墨烯之间的紧密作用及电荷的重新分配,为电子/离子提供了良好的通道和快速运输路径,有助于进一步提升电容性能。在 0.5~20 A/g 不同电流密度下,FeG 和 α-FeOOH 的恒电流充放电(GCD)曲线如图 9.7(c)和(d)所示。FeG 的 GCD 曲线为几乎对称的三角形,呈现出典型的 EDLC 特性,较小的电压降说明其内阻小。α-FeOOH 的 GCD 曲线发生轻微的弯曲并含有两个电压平台,表现出传统的赝电容行为,与其 CV 结果一致。不同电流密度下所有 FeG 电极的放电时间都比 α-FeOOH 电极长,说明 FeG 具有更高的比电容。当电流密度为 0.5 A/g 时,FeG 和 α-FeOOH 的最大比电容分别为 258.2 F/g 和 167.1 F/g[图 9.7(e)],并且 FeG 电极的倍率特性(电流密度为 20 A/g 时,电容为149.7 F/g)明显优于 α-FeOOH 电极(43.4 F/g)。石墨烯,作为一种出色的生长基底,为 FeOOH 提供了大量的结合位点,阻碍了 FeOOH 的进一步堆叠,使 FeOOH 晶体在 FeG 复合物中可以缓慢地、均匀地生长,并且提升了纳米级 FeOOH 的导电性和电接触能力。然而,大多数纯 α-FeOOH 生长过度,使 FeOOH 在氧化还原过程中不能充分参与,导致比电容大幅降低[328]。另外,石墨烯可以加速电子/离子在电极/电解液界面之间的传输,从而有助于 FeG 倍率特性的提升。电极材料的循环寿命是考察其实际应用价值的重要参数之一,在高电流密度 10 A/g 下,FeG 和 α-FeOOH 经过 2 000 圈充放电后的循环性能如图 9.7(f)所示。FeG 展示出优异的循环稳定性,经过 2 000 圈充放电后电容保持率高达 90.2%(由 162.6 F/g 降至 146.7 F/g)。而 α-FeOOH 的初始比电容与经 2 000 圈循环后的最终比电容分别为 58.2 F/g 和 45.7 F/g,电容保持率仅为 78.5%。由于石墨烯特殊的导电网络结构,FeG 的体积变化缓冲力和结构稳定性均有所提高,综上,在 SCs 装置中,FeG 被认为是一种极具发展前景的电极材料。

9.4 本章小结

在本实验中,通过一步水热法将纳米棒型 α-FeOOH 成功固定在石墨烯片两侧形成了 FeG 复合物。由于多孔石墨烯和纳米棒型 α-FeOOH 之间发生协同效应,FeG 电子传输快并拥有电池型电容行为。FeG 的最大比电容值为 258.2 F/g(为纯 α-FeOOH 的 1.5 倍)、循环稳定性高(10 A/g 下循环 2 000 圈后电容保持率为 90.2%)。综上,合理利用石墨烯和廉价金属设计制备复合物作为 SCs 的负极材料,具有较高的电化学性能和实际应用价值。

结 论

本书采用不同方法制备出了不同形貌的分等级 β-Ni(OH)$_2$ 花状微球、分等级 β-Ni(OH)$_2$ 空心微球、graphene/Ni(OH)$_2$ 复合物、3D graphene/Ni(OH)$_2$ 复合物、层状 α-Ni(OH)$_2$/RGO 复合物、3D Co$_3$O$_4$/GA 复合物及 FeG 复合物，通过 XRD、SEM、TEM、N$_2$ 吸附/脱附、Raman、AFM 等测试手段对上述产物的元素、晶型、组成及形貌进行了表征，并对 4 种产物的合成机理进行了初步探讨。以所制备的产物作为 SCs 电极材料，通过循环伏安、恒电流充放电、交流阻抗等测试方法，对其电化学性能进行分析研究，并探讨了不同的 Ni、Co、Fe 基复合材料的微观形貌对电化学性能的影响，得到的结论如下：

(1) 通过水热法 L-arginine 辅助合成分等级 β-Ni(OH)$_2$ 花状微球。在制备过程中 L-arginine 与 Ni^{2+} 发生协调作用，使得 Ni(OH)$_2$ 纳米片有序地彼此交错生长，降低了纳米片的团聚，且彼此交叉的纳米片产生了大量的孔隙结构，便于电解液离子在电极材料内部传输，缩短了电解液离子的扩散路径，有助于其电化学性能的提高。当电流密度为 5 mA/cm^2 时，分等级 β-Ni(OH)$_2$ 花状微球表现出良好的比电容(1 048.5 F/g)和较高的循环稳定性，500 圈充放电后电容值仍为初始的 90.8%。可见，这种简单、绿色、环保的制备分等级花状微球的方法可以推广到合成其他具有分等级结构的无机材料中。

(2) 通过水热法 L-lysine 辅助合成分等级 β-Ni(OH)$_2$ 空心微球。L-lysine 作为晶体生长修饰剂，选择性吸附在(001)晶面上，抑制晶体在该方向上的生长，从而改变了产物的形貌；并且 L-lysine 具有协调作用，使得 β-Ni(OH)$_2$ 纳米片有序地彼此交叉在氨气泡表面上，减少了纳米片重叠，自组装成空心微球结构，所以 L-lysine 为形成 β-Ni(OH)$_2$ 分等级空心结构起到了重要的作用。

(3) 通过考察不同反应时间下产物的形貌，探讨了分等级 β-Ni(OH)$_2$ 空心微球的形成机理。该产物的分等级空心结构使其具有大比表面积(47

m²/g),增加了电活性位点,增大了电解液与电极材料的接触面积,从而提高了其电化学性能。通过电化学测试可知,在电流密度为 5 mA/cm² 时,分等级 β-Ni(OH)₂ 空心微球获得超高的比电容(1 398.5 F/g),而未加 L-lysine 制备的 β-Ni(OH)₂ 颗粒的比电容仅为 921.95 F/g。在高电流密度(50 mA/cm²)下,分等级 β-Ni(OH)₂ 空心微球经过 1 000 圈充放电循环后电容损失也仅为 8%,表现出了优异的循环稳定性,说明这种具有新型分等级空心结构的 β-Ni(OH)₂ 为出色的 SCs 赝电容电极材料。

(4)通过水热法在石墨烯表面均匀负载了 Ni(OH)₂ 纳米粒子,成功制备出 graphene/Ni(OH)₂ 复合物。由于采用葡萄糖作为还原剂,所以石墨烯表面剩余一定量的含氧官能团,为 Ni(OH)₂ 纳米粒子的均匀负载提供了生长位点,避免了 Ni(OH)₂ 粒子的大量团聚。引入的 Ni(OH)₂ 纳米粒子,作为阻隔剂可以有效地阻止石墨烯片堆叠,增加电极和电解液之间的接触面积,在充放电过程中缩短 OH⁻ 的扩散路径,从而大幅度提高复合物的电化学性能。在电化学测试中,当电流密度为 5 mA/cm² 时,graphene/Ni(OH)₂ 复合物的比电容高达 1 985.1 F/g,与单纯 Ni(OH)₂ 电极相比(比电容值为 1 054.3 F/g),电容性能有大幅度的提升,并且该复合物也拥有出色的循环性能,经过 1 000 圈充放电循环后电容保持率为 92.3%,是一种优异的 SCs 电极材料。

(5)采用电还原法制备 3D graphene 泡沫,并以其为基底采用水热法在其表面生长 Ni(OH)₂ 纳米片,制备出独立的、自支撑的 3D graphene/Ni(OH)₂ 复合电极。该 3D graphene 泡沫完整保持了泡沫镍的多孔骨架结构,具有超高的比表面积和良好的机械强度,而且作为集流体,3D graphene 泡沫的质量远低于泡沫镍,从而可以大幅度提高整体电极材料的质量比电容。

(6)所制备的 3D graphene/Ni(OH)₂ 复合电极作为自支撑电极材料,无须添加黏合剂,使得其导电性显著提高。该复合物的三维结构为电子传输提供了优异的网络媒介,为电解液离子的扩散提供了大量的多孔空间,从而降低了 3D graphene/Ni(OH)₂ 复合电极的内阻。在电化学测试中,当电流密度为 0.5 A/g 时,该复合物可获得 183.1 F/g 的高比电容(基于整体电极质量),同时获得较高的能量密度(6.9 W·h/kg)以及良好的循环稳定性,因此整体的 3D graphene/Ni(OH)₂ 复合电极材料可以被广泛应用到需高能量输出的储能装置中。

(7)通过在甲酰胺中剥离出带正电的 α-Ni(OH)₂ 纳米片,并将带正电的 α-Ni(OH)₂ 纳米片与 GO 悬浮液混合沉淀,然后用水合肼还原,成功制备出了具有层状结构的 α-Ni(OH)₂/RGO 复合物。在三电极体系中,当电流密度为

1 A/g 时,该材料获得了 1 568.3 F/g 的高比电容及高倍率特性。α-Ni(OH)$_2$/RGO//AC 装置在功率密度为 905.5 W/kg 时输出了 76 W·h/kg 的高能量密度,而且即使在最大功率密度为 8 512.6 W/kg 时,ASC 仍输出 51.5 W·h/kg 的能量密度。经过 2 000 圈充放电循环后,α-Ni(OH)$_2$/RGO ASC 的比电容值只降低了 7.6%。结果表明,α-Ni(OH)$_2$/RGO ASC 作为能量存储设备具有广阔的应用前景。

(8) 通过简单的水热法制备出了导电性能优异的 Co$_3$O$_4$/GA 复合物,其中 Co$_3$O$_4$ 微球均匀地嵌入到彼此交错的石墨烯水凝胶网络中,此 3D 多孔结构提供了大量可接触面积。所以 Co$_3$O$_4$/GA 电极获得了 1 456.3 F/g 的高比电容,当电流密度高达 10 A/g 时,其电容保持率仍高达 54.8%。以 Co$_3$O$_4$/GA 为正极、GA 为负极、LiOH/PVA 凝胶为固态电解质组装成 SASC,该装置拥有高比电容(1 A/g 时,SASC 装置的比电容为 292.3 F/g)、高功率密度和能量密度(功率密度为 648.9 W/kg 时,SASC 能量密度为 68.1 W·h/kg)。此合成方法简单、易于操作、适合规模化生产,为凝胶复合物广泛应用于超级电容器领域提供了新的研究方向。

(9) 通过一步水热法将纳米棒型 α-FeOOH 成功固定在石墨烯片两侧形成了 FeG 复合物。由于多孔石墨烯和纳米棒型 α-FeOOH 之间发生协同效应,所以 FeG 电子传输快并拥有电池型电容行为。石墨烯为 FeOOH 提供了大量的结合位点,阻碍了 FeOOH 的进一步堆叠,使 FeOOH 晶体在 FeG 复合物中均匀生长,并且石墨烯提升了纳米级 FeOOH 的导电性和电接触能力。FeG 的最大比电容值为 258.2 F/g(为纯 α-FeOOH 的 1.5 倍)、循环稳定性高(10 A/g 下循环 2 000 圈后电容保持率为 90.2%),其倍率特性(电流密度为 20 A/g 时,149.7 F/g)明显优于 α-FeOOH 电极(43.4 F/g)。综上,合理利用石墨烯和廉价金属设计制备复合物作为 SCs 的负极材料,具有较高的电化学性能和实际应用价值。

设计控制产物的晶型、组成及结构对提高其电化学性能具有关键作用。与单一成分相比,具有独特空间结构(如负载、包覆和三维结构等)的 Ni、Co、Fe 基复合材料拥有更高的比电容、更优异的倍率特性以及更出色的循环稳定性。然而,深入研究产物组成、形貌与电化学性能之间的内在联系,探讨具有不同形貌产物的合成机理,设计简单、环保、廉价的合成方法需要投入大量的工作。除了研究先进的电极材料外,对其他决定 SCs 高能量密度的因素,如电解液、SCs 的组装类型以及正负电极之间的合理匹配等的讨论将成为下一步工作的研究重点。

参考文献

[1] Stoller M D, Park S, Zhu Y, et al. Graphene-based ultracapacitors[J]. Nano Lett., 2008, 8: 3498-3502.

[2] Miller J R, Simon P. Electrochemical capacitors for energy management[J]. Science, 2008, 321: 651-652.

[3] 闫俊. 碳/氧化锰复合材料的制备及电化学性能研究[D]. 哈尔滨:哈尔滨工程大学, 2010:1-4.

[4] 殷金玲. 凝胶聚合物电解质超级电容器的研究[D]. 哈尔滨:哈尔滨工程大学, 2007:4-6.

[5] Conway B E. Electrochemical Supercapacitors: Scientic Fundamentals and Technological Applications [M]. New York: Kluwer Academic/Plenum Publisher: 1999.

[6] Zhao X, Sánchez B M, Dobson P J, et al. The role of nanomaterials in redox-based supercapacitors for next generation energy storage devices [J]. Nanoscale, 2011, 3: 839-855.

[7] Wang G P, Zhang L, Zhang J J. A review of electrode materials for electrochemical supercapacitors[J]. Chem. Soc. Rev., 2012, 41: 797-828.

[8] Bose S, Kuila T, Mishra A K, et al. Carbon-based nanostructured materials and their composites as supercapacitor electrodes[J]. J. Mater. Chem., 2012, 22: 767-784.

[9] Halper M S, Ellenbogen J C. Supercapacitors: A Brief Overview [M]. Virginia: MITRE Nanosystems Group: 2006.

[10] Jiang H, Ma J, Li C Z. Mesoporous carbon incorporated metal oxide nanomaterials as supercapacitor electrodes [J]. Adv. Mater., 2012, 24: 4197-4202.

[11] Tan Y B, Lee J M. Graphene for supercapacitor applications[J]. J. Mater. Chem. A, 2013, 1: 14814-14843.

[12] Balducci A, Dugas R, Taberna P L, et al. High temperature carbon-carbon supercapacitor using ionic liquid as electrolyte[J]. J. Power Sources, 2007, 165: 922-927.

[13] Koch V R. Recent advances in electrolyte for electrochemical double layer capacitors [M]. Woburn: Covalent Associates, Inc., 2005.

[14] Simon P, Gogotsi Y. Materials for electrochemical capacitors[J]. Nat. Mater., 2008, 7: 845-854.

[15] Niu Z Q, Zhou W Y, Chen J, et al. Compact-designed supercapacitors using free-standing single-walled carbon nanotube films[J]. Energy Environ. Sci., 2011, 4: 1440-1446.

[16] Mai L Q, Yang F, Zhao Y L, et al. Hierarchical $MnMoO_4/CoMoO_4$ heterostructured nanowires with enhanced supercapacitor performance[J]. Nat. Commun., 2011, 2: 381.

[17] Zhang Y, Feng H, Wu X B, et al. Progress of electrochemical capacitor electrode materials: A review[J]. Int. J. Hydrogen Energy, 2009, 34: 4889-4899.

[18] Zhang J T, Zhao X S, On the Configuration of supercapacitors for maximizing electrochemical performance[J]. ChemSusChem, 2012, 5: 818-841.

[19] Kaempgen M, Chan C K, Ma J, et al. Printable thin film supercapacitors using single-walled carbon nanotubes[J]. Nano Lett., 2009, 9: 1872-1876.

[20] Niu Z, Liu L, Zhang L, et al. Programmable nanocarbon-based architectures for flexible supercapacitors[J]. Adv. Energy Mater., 2015, 5: 1500677-1500696.

[21] Yan X B, Tai Z X, Chen J T, et al. Fabrication of carbon nanofiber-polyaniline composite flexible paper for supercapacitor[J]. Nanoscale, 2011, 3: 212-216.

[22] Wu Z C, Chen Z H, Du X, et al. Transparent, conductive carbon nanotube films[J]. Science, 2004, 305: 1273-1276.

[23] Zhang D H, Ryu K, Liu X L, et al. Transparent, conductive, and flexible carbon nanotube films and their application in organic light-emitting diodes [J]. Nano Lett., 2006, 6: 1880-1886.

[24] Hu L B, Choi J W, Yang Y, et al. Highly conductive paper for energy-stor-

age devices[J]. Proc. Natl. Acad. Sci. U. S. A., 2009, 106: 21490-21494.

[25] Zheng G Y, Cui Y, Karabulut E, et al. Nanostructured paper for flexible energy and electronic devices[J]. MRS Bull., 2013, 38: 320-325.

[26] Hu L, Pasta M, Mantia F L, et al. Stretchable, porous, and conductive energy textiles[J]. Nano Lett., 2010, 10: 708-714.

[27] Niu Z Q, Luan P S, Shao Q, et al. A "skeleton/skin" strategy for preparing ultrathin free-standing single-walled carbon nanotube/polyaniline films for high performance supercapacitor electrodes[J]. Energy Environ. Sci., 2012, 5: 8726-8733.

[28] Meng C Z, Liu C H, Chen L Z, et al. Highly flexible and all-solid-state paperlike polymer supercapacitors[J]. Nano Lett., 2010, 10: 4025-4031.

[29] Niu Z Q, Chen J, Hng H H, et al. A leavening strategy to prepare reduced graphene oxide foams[J]. Adv. Mater., 2012, 24: 4144-4150.

[30] Yang X W, Cheng C, Wang Y F, et al. Liquid-mediated dense integration of graphene materials for highly compact capacitive energy storage[J]. Science, 2013, 341: 534-537.

[31] Xiong Z, Liao C, Han W, et al. Mechanically tough large-area hierarchical porous graphene films for high-performance flexible supercapacitor applications[J]. Adv. Mater., 2015, 27: 4469-4475.

[32] Shao Y, El-Kady M F, Wang L J, et al. Graphene-based materials for flexible supercapacitors[J]. Chem. Soc. Rev., 2015, 44: 3639-3665.

[33] El-Kady M F, Strong V, Dubin S, et al. Laser scribing of high-performance and flexible graphene-based electrochemical capacitors[J]. Science, 2012, 335: 1326-1330.

[34] Weng Z, Su Y, Wang D W, et al. Graphene-cellulose paper flexible supercapacitors[J]. Adv. Energy Mater., 2011, 1: 917-922.

[35] Liu W W, Yan X B, Lang J W, et al. Flexible and conductive nanocomposite electrode based on graphene sheets and cotton cloth for supercapacitor [J]. J. Mater. Chem., 2012, 22: 17245-17253.

[36] Wang S, Pei B, Zhao X, et al. Highly porous graphene on carbon cloth as advanced electrodes for flexible all-solid-state supercapacitors[J]. Nano Energy, 2013, 2: 530-536.

[37] Li X, Zang X, Li Z, et al. Large-area flexible core-shell graphene/porous

carbon woven fabric film for fiber supercapacitor electrodes[J]. Adv. Funct. Mater., 2013, 23: 4862-4869.

[38] Zang X, Chen Q, Li P, et al. Highly flexible and adaptable, all-solid-state supercapacitors based on graphene woven-fabric film electrodes[J]. Small, 2014, 10: 2583-2588.

[39] Liu L L, Niu Z Q, Zhang L, et al. Nanostructured graphene composite papers for highly flexible and foldable supercapacitors[J]. Adv. Mater., 2014, 26: 4855-4862.

[40] for high-performance supercapacitor[J]. Energy Environ. Sci., 2013, 6: 1185-1191.

[41] Wang D W, Li F, Zhao J P, et al. Fabrication of graphene/polyaniline composite paper via in situ anodic electropolymerization for high-performance flexible electrode[J]. ACS Nano, 2009, 3: 1745-1752.

[42] Li M, Tang Z, Leng M, et al. Flexible solid-state supercapacitor based on graphene-based hybrid films[J]. Adv. Funct. Mater., 2014, 24: 7495-7502.

[43] Lee M, Wee B -H, Hong J -D. High performance flexible supercapacitor electrodes composed of ultralarge graphene sheets and vanadium dioxide[J]. Adv. Energy Mater., 2015, 5: 1401890.

[44] Cao X, Zheng B, Shi W, et al. Reduced graphene oxide-wrapped MoO_3 composites prepared by using metal-organic frameworks as precursor for all-solid-state flexible supercapacitors[J]. Adv. Mater., 2015, 27: 4695-4701.

[45] Niu Z Q, Du J J, Cao X B, et al. Electrophoretic build-up of alternately multilayered films and micropatterns based on graphene sheets and nanoparticles and their applications in flexible supercapacitors[J]. Small, 2012, 8: 3201-3208.

[46] Niu Z Q, Liu L, Zhang L, et al. A universal strategy to prepare functional porous graphene hybrid architectures[J]. Adv. Mater., 2014, 26: 3681-3687.

[47] Niu Z Q, Zhou W Y, Chen J, et al. A repeated halving approach to fabricate ultrathin single-walled carbon nanotube films for transparent supercapacitors[J]. Small, 2013, 9, 518-524.

[48] Chen P C, Shen G Z, Sukcharoenchoke S, et al. Flexible and transparent

supercapacitor based on In$_2$O$_3$ nanowire/carbon nanotube heterogeneous films[J]. Appl. Phys. Lett. , 2009, 94, 043113.

[49] Meng C Z, Liu C H, Fan S S. Flexible carbon nanotube/polyaniline paper-like films and their enhanced electrochemical properties[J]. Electrochem. Commun. , 2009, 11: 186-189.

[50] Lu X, Yu M, Wang G, et al. Flexible solid-state supercapacitors: design, fabrication and applications [J]. Energy Environ. Sci. , 2014, 7: 2160-2181.

[51] Hu S, Rajamani R, Yu X, Flexible solid-state paper based carbon nanotube supercapacitor[J]. Appl. Phys. Lett. , 2012, 100, 104103.

[52] Gao Y P, Zhao J H, Run Z, et al. Microporous Ni$_{11}$(HPO$_3$)$_8$(OH)$_6$ nanocrystals for high-performance flexible asymmetric all solid-state supercapacitors[J]. Dalton Trans. , 2014, 43, 17000-17005.

[53] Lee G, Kim D, Yun J, et al. High-performance all-solid-state flexible micro-supercapacitor arrays with layer-by-layer assembled MWNT/MnO$_x$ nanocomposite electrodes[J]. Nanoscale, 2014, 6: 9655-9664.

[54] Westover A S, Tian J W, Bernath S, et al. A multifunctional load-bearing solid-state supercapacitor[J]. Nano Lett. , 2014, 14: 3197-3202.

[55] Wang K, Zhang X, Li C, et al. Chemically crosslinked hydrogel film leads to integrated flexible supercapacitors with superior performance[J]. Adv. Mater. , 2015, 27: 7451-7457.

[56] Meng F H, Ding Y. Sub-micrometer-thick all-solid-state supercapacitors with high power and energy densities [J]. Adv. Mater. , 2011, 23: 4098-4102.

[57] Meng Q H, Wu H P, Meng Y N, et al. High-performance all-carbon yarn micro-supercapacitor for an integrated energy system[J]. Adv. Mater. , 2014, 26: 4100-4106.

[58] Wang X F, Lu X H, Liu B, et al. Flexible energy-storage devices: design consideration and recent progress [J]. Adv. Mater. , 2014, 26: 4763-4782.

[59] Sun H, You X, Deng J, et al. Novel graphene/carbon nanotube composite fibers for efficient wire-shaped miniature energy devices[J]. Adv. Mater. , 2014, 26: 2868-2873.

[60] Zheng Y, Yang Y B, Chen S S, et al. Smart, stretchable and wearable su-

percapacitors prospects and challenges[J]. CrystEngComm, 2016, 18: 4218-4235.

[61] 陈英放,李媛媛,邓梅根. 超级电容器的原理及应用[J]. 电子元件与材料, 2008,27(4):6-8.

[62] Kim D, Lu N, Ma R, et al. Epidermal electronics[J]. Science, 2011, 333: 838-843.

[63] Kaempgen M, Chan C K, Ma J, et al. Printable thin film supercapacitors using single-walled carbon nanotubes[J]. Nano Lett., 2009, 9: 1872-1876.

[64] Pushparaj V L, Shaijumon M M, Kumar A, et al. Flexible energy storage devices based on nanocomposite paper[J]. P. Natl. Acad. Sci. USA, 2007, 104: 13574-13577.

[65] Chou S L, Wang J Z, Chew S Y. Electrodeposition of MnO_2 nanowires on carbon nanotube paper as free-standing, flexible electrode for supercapacitors[J]. Electrochem. Commun., 2008, 10: 1724-1727.

[66] Kim K S, Zhao Y, Jang H, et al. Large-scale pattern growth of graphene films for stretchable transparent electrodes[J]. Nature, 2009, 457: 706-710.

[67] Yu C, Masarapu C, Rong J P, et al. Stretchable supercapacitors based on buckled single-walled carbon-nanotube macrofilms[J]. Adv. Mater., 2009, 21: 4793-4797.

[68] Hu L, Pasta M, Mantia F L, et al. Stretchable, porous, and conductive energy textiles[J]. Nano Lett., 2010, 10: 708-714.

[69] Chen P, Shen G, Saowalak S, et al. Flexible and transparent supercapacitor based on In_2O_3 nanowire/carbon nanotube heterogeneous films[J]. Appl. Phys. Lett., 2009, 94: 043113(1-3).

[70] King P J, Thomas M, Higgins S D, et al. Percolation effects in supercapacitors with thin, transparent carbon nanotube electrodes[J]. 2012, 6(2): 1732-1741.

[71] Stoller M D, Magnuson C W, Zhu Y W, et al. Interfacial capacitance of single layer graphene[J]. Energ. Environ. Sci., 2011, 4: 4685-4689.

[72] Shaijumon M M, Ou F S, Ci L, et al. Synthesis of hybrird nanowire arrays and their application as high power supercapacitor electrodes[J]. Chem. Commun., 2008, 2373-2375.

[73] An K H, Kim W S, Park Y S, et al. Electrochemical properties of high-

power supercapacitors using single-walled carbon nanotube electrodes[J]. Adv. Funct. Mater., 2001, 11: 387-392.

[74] Pumera M. Graphene-based nanomaterials for energy storage[J]. Energy Environ. Sci., 2011, 4: 668-674.

[75] Zhang L L, Zhao X S. Carbon-based materials as supercapacitor electrodes [J]. Chem. Soc. Rev., 2009, 38: 2520-2531.

[76] Lokhande C D, Dubal D P, Joo O S. Metal oxide thin film based supercapacitors[J]. Curr. Appl. Phys., 2011, 11: 255-270.

[77] Snook G A, Kao P, Best A S. Conducting-polymer-based supercapacitor devices and electrodes[J]. J. Power Sources, 2011, 196: 1-12.

[78] Frackowiak E, Beguin F. Carbon materials for the electrochemical storage of energy in capacitors[J]. Carbon, 2001, 39: 937-950.

[79] Peng C, Zhang S, Jewell D, et al. Carbon nanotube and conducting polymer composites for supercapacitors[J]. Prog. Nat. Sci. Mater. Int., 2008, 18: 777-788.

[80] Meyer J C, Geim A K, Katsnelson M I, et al. The structure of suspended graphene sheets[J]. Nature, 2007, 446: 60-63.

[81] Nair R R, Blake P, Grigorenko, et al. Fine structure constant defines visual transparency of graphene[J]. Science, 2008, 320: 1308.

[82] Booth T J, Blake P, Nair R R, et al. Macroscopic graphene membranes and their extraordinary stiffness[J]. Nano Lett., 2008, 8: 2442-2446.

[83] Balandin A A, Ghosh S, Bao W Z, et al. Superior thermal conductivity of singlelayer graphene[J]. Nano Lett., 2008, 8: 902-907.

[84] Xia J L, Chen F, Li J H, et al. Measurement of quantum capacitance of graphene[J]. Nat. Nanotechnol., 2009, 4: 505-509.

[85] Liang J J, Huang Y, Zhang L, et al. Molecular-level dispersion of graphene into poly(vinyl alcohol) and effective reinforcement of their nanocomposites [J]. Adv. Funct. Mater., 2009, 19: 2297-2302.

[86] He Q Y, Wu S X, Gao S, et al. Oxide films as transparent electrodes[J]. ACS Nano, 2010, 4: 5263-5268.

[87] He Q Y, Sudibya H G, Yin Z Y, et al. Centimeter-long and large-scale micropatterns of reduced graphene oxide films: fabrication and sensing applications[J]. ACS Nano, 2010, 4: 3201-3208.

[88] Liang J J, Huang Y, Oh J, et al. Electromechanical actuators based on gra-

phene and graphene/Fe_3O_4 hybrid paper[J]. Adv. Funct. Mater. , 2011, 21: 3778-3784.

[89] Li B, Cao X H, Ong H G. All-carbon electronic devices fabricated by directly grown single-walled carbon nanotubes on reduced graphene oxide electrodes[J]. Adv. Mater. , 2010, 22: 3058-3061.

[90] Sun Y, Wu Q, Shi G. Graphene based new energy materials[J]. Energy Environ. Sci. , 2011, 4: 1113-1132.

[91] Chen Q, Zhang L, Chen G. Facile Preparation of graphene-copper nanoparticle composite by in situ chemical reduction for electrochemical sensing of carbohydrates[J]. Anal. Chem. , 2012, 84: 171-178.

[92] Zhu Y, Murali S, Cai W, et al. Graphene and graphene oxide: synthesis, properties, and applications[J]. Adv. Mater. , 2010, 22: 3906-3924.

[93] Zhang, Y B, Small J P, Pontius W V, et al. Fabrication and electric-field-dependent transport measurements of mesoscopic graphite devices[J]. Appl. Phys. Lett. , 2005, 86: 073104.

[94] Hernandez Y, Nicolosi V, Lotya M, et al. High-yield production of graphene by liquid-phase exfoliation of graphite[J]. Nat. Nanotechnol. , 2008, 3: 563-568.

[95] Dato A, Radmilovic V, Lee Z, et al. Substrate-free gas-phase synthesis of graphene sheets[J]. Nano Lett. , 2008, 8: 2012-2016.

[96] Wu Y, Wang B, Ma Y, et al. Efficient and large-scale synthesis of few-layered graphene using an arc-discharge method and conductivity studies of the resulting films[J]. Nano Res. , 2010, 3: 661-669.

[97] Brodie B C. Sur le poids atomique du graphite[J]. Ann. Chim. Phys. , 1860, 59: 466-472.

[98] Staudenmaier L. Verfahren zur Darstellung der Graphitsaure[J]. Ber. Deut. Chem. Ges. , 1898, 31: 1481-1499.

[99] Hummers W S, Offeman R E. Preparation of graphitic oxide[J]. J. Am. Chem. Soc. , 1958, 80: 1339.

[100] Hirata M, Gotou T, Horiuchi S, et al. Thin-film particles of graphite oxide: High-yield synthesis and flexibility of the particles[J]. Carbon, 2004, 42: 2929-2937.

[101] Seredych M, Koscinski M, Sliwinska-Bartkowiak M, et al. Active pore space utilization in nanoporous carbon-based supercapacitors: effects of

conductivity and pore accessibility[J]. J. Power Sources, 2012, 220: 243-252.

[102] Le L T, Ervin M H, Qiu H, et al. Graphene supercapacitor electrodes fabricated by inkjet printing and thermal reduction of graphene oxide[J]. Electrochem. Commun. , 2011, 13: 355-358.

[103] Cheng Q, Tang J, Ma J, et al. Graphene and carbon nanotube composite electrodes for supercapacitors with ultra-high energy density[J]. Phys. Chem. Chem. Phys. , 2011, 13: 17615-17624.

[104] Hsu H C, Wang C H, Nataraj S K, et al. Stand-up structure of graphene-like carbon nanowalls on CNT directly grown on polyacrylonitrile-based carbon fiber paper as supercapacitor[J]. Diamond Relat. Mater. , 2012, 25: 176-179.

[105] Kim Y S, Kumar K, Fisher F T. Out-of-plane growth of CNTs on graphene for supercapacitor applications[J]. Nanotechnology, 2012, 23: 015301 (1-7).

[106] Li Z J, Yang B C, Zhang S R, et al. Graphene oxide with improved electrical conductivity for supercapacitor electrodes[J]. Appl. Surf. Sci. , 2012, 258: 3726-3731.

[107] Yan J, Liu J, Fan Z, et al. High-performance supercapacitor electrodes based on highly corrugated graphene sheets[J]. Carbon, 2012, 50: 2179-2188.

[108] Chen P, Yang J J, Li S S. Hydrothermal synthesis of macroscopic nitrogen-doped graphene hydrogels for ultrafast supercapacitor[J]. Nano Energy, 2013, 2: 249-256.

[109] Zhang K, Zhang L L, Zhao X S, et al. Graphene/polyaniline nanofibers composites as supercapacitor electrodes[J]. Chem. Mater. , 2010, 22: 1392-1401.

[110] Yu A, Roes I, Davies A, et al. Ultrathin, transparent, and flexible graphene films for supercapacitor application[J]. Appl. Phys. Lett. , 2010, 96, 253105.

[111] Hou J, Shao Y, Ellis M W, et al. Graphene-based electrochemical energy conversion and storage: fuel cells, supercapacitors and lithium ion batteries [J]. Phys. Chem. Chem. Phys. , 2011, 13: 15384-15402.

[112] Jaidev, Ramaprabhu S. Poly(p-phenylenediamine)/graphene nanocompos-

ites for supercapacitor applications[J]. J. Mater. Chem., 2012, 22: 18775-18783.

[113] Liu Y, Deng R, Wang Z. Carboxyl-functionalized graphene oxide-polyaniline composite as a promising supercapacitor material[J]. J. Mater. Chem., 2012, 22: 13619-13624.

[114] Biswas S, Drzal L T. Multilayered Nanoarchitecture of graphene nanosheets and polypyrrole nanowires for high performance supercapacitor electrodes [J]. Chem. Mater., 2010, 22: 5667-5671.

[115] Bose S, Kim N H, Kuila T, et al. Electrochemical performance of a graphene-polypyrrole nanocomposite as a supercapacitor electrode[J]. Nanotechnology, 2011, 22: 295202.

[116] Zhang L L, Zhao S, Tian X N, et al. Layered graphene oxide nanostructures with sandwiched conducting polymers as supercapacitor electrodes [J]. Langmuir, 2010, 26(22): 17624-17628.

[117] Liu J, An J, Ma Y, et al. Synthesis of a Graphene-polypyrrole nanotube composite and its application in supercapacitor electrode[J]. J. Electrochem. Soc., 2012, 159(6): A828-A833.

[118] Zhang L L, Zhou R, Zhao X S. Graphene-based materials as supercapacitor electrodes[J]. J. Mater. Chem., 2010, 20: 5983-5992.

[119] Lake J R, Cheng A, Selverston S, et al. Graphene metal oxide composite supercapacitor electrodes [J]. J. Vac. Sci. Technol., B, 2012, 30: 03D118P.

[120] Jaidev, Jafri R I, Ramaprabhu S. Hydrothermal synthesis of $RuO_2 \cdot xH_2O$/graphene hybrid nanocomposite for supercapacitor application[J]. 10.1109/NSTSI.2011.6111794, IEEE, 2011.

[121] Lee J W, Hall A S, Kim J D, et al. A Facile and template-free hydrothermal synthesis of Mn_3O_4 nanorods on graphene sheets for supercapacitor electrodes with long cycle stability [J]. Chem. Mater., 2012, 24: 1158-1164.

[122] Brock S L, Duan N, Tian Z R, et al. A review of porous manganese oxide materials[J]. Chem. Mater., 1998, 10: 2619-2628.

[123] Xia X, Tu J, Mai Y, et al. Graphene sheet/porous NiO hybrid film for supercapacitor applications[J]. Chem. Eur. J., 2011, 17: 10898-10905.

[124] Chen S, Zhu J, Wang X. One-step synthesis of graphene cobalt hydroxide

nanocomposites and their electrochemical properties[J]. J. Phys. Chem. C, 2010, 114: 11829-11834.

[125] Deng M J, Huang F L, Sun I W, et al. An entirely electrochemical preparation of a nano-structured cobalt oxide electrode with superior redox activity[J]. Nanotechnology, 2009, 20: 175602(1-5).

[126] Yan J, Wei T, Qiao W, et al. Rapid microwave assisted synthesis of graphene nanosheet/Co_3O_4 composite forsupercapacitors[J]. Electrochim. Acta, 2010, 55: 6973-6978.

[127] Yu G, Hu L, Liu N, et al. Enhancing the supercapacitor performance of graphene/MnO_2 nanostructured electrodes by conductive wrapping[J]. Nano Lett., 2011, 11: 4438-4442.

[128] Huang X, Zeng Z, Fan Z, et al. Graphene-based electrodes[J]. Adv. Mater., 2012, 24: 5979-6004.

[129] Zhang J, Jiang J, Lib H, et al. A high-performance asymmetric supercapacitor fabricated with graphene-based electrodes[J]. Energy Environ. Sci., 2011, 4: 4009-4015.

[130] Wu Z S, Ren W, Wang D W, et al. High-Energy MnO_2 Nanowire/graphene and graphene asymmetric electrochemical capacitors[J]. ACS Nano, 2010, 4(10): 5835-5842.

[131] Huang Y, Liang J J, Chen Y S, et al. An overview of the applications of graphene-based materials in supercapacitors[J]. Small, 2012, 8: 1805-1834.

[132] Guan C, Li X, Wang Z, et al. Nanoporous walls on macroporous foam: rational design of electrodes to push areal pseudocapacitance[J]. Adv. Mater., 2012, 24: 4186-4190.

[133] Yan J, Sun W, Wei T, et al. Fabrication and electrochemical performances of hierarchical porous $Ni(OH)_2$ nanoflakes anchored on graphene sheets [J]. J. Mater. Chem., 2012, 22: 11494-11502.

[134] Yan H J, Wang J, Li S N, et al. L-lysine assisted synthesis of β-$Ni(OH)_2$ hierarchical hollow microspheres and their enhanced electrochemical capacitance performance[J]. Electrochim. Acta, 2013, 880-888.

[135] Wang H, Casalongue H S, Liang Y, et al. $Ni(OH)_2$ nanoplates grown on graphene as advanced electrochemical pseudocapacitor materials[J]. J. Am. Chem. Soc., 2010, 132: 7472-7477.

[136] Jiang H, Zhao T, Li C Z, et al. Hierarchical self-assembly of ultrathin nickel hydroxide nanoflakes for high-performance supercapacitors[J]. J. Mater. Chem., 2011, 21: 3818-3823.

[137] Zhang L L, Xiong Z, Zhao X S. A composite electrode consisting of nickel hydroxide, carbon nanotubes, and reduced graphene oxide with an ultra-high electrocapacitance[J]. J. Power Sources, 2013, 222: 326-332.

[138] Zhang S, Zeng H C. Self-assembled hollowspheres of β-Ni(OH)$_2$ and their derived nanomaterials[J]. Chem. Mater., 2009, 21: 871-883.

[139] 王晓峰,梁吉,王大志. 链珠状氢氧化亚镍的准电容特性以及在复合型超电容器中的应用[J]. 无机学报,2005,21(1):35-42.

[140] Cao M, He X, Chen J, et al. Self-assembled nickel hydroxide three-dimensional nanostructures: a nanomaterial for alkaline rechargeable batteries [J]. Cryst. Growth Des., 2007, 7: 170-174.

[141] Zhang E, Tang Y, Zhang Y, et al. Hydrothermal synthesis of β-nickel hydroxide nanocrystalline thin film and growth of oriented carbon nanofibers [J]. Mater. Res. Bull., 2009, 44: 1765-1770.

[142] Orikasa H, Karoji J, Matsui K, et al. Crystal formation and growth during the hydrothermal synthesis of β-Ni(OH)$_2$ in one-dimensional nano space [J]. Dalton Trans., 2007, 34, 3757-3762.

[143] Kumari L, Li W Z, Self-assembly of β-Ni(OH)$_2$ nanoflakelets to form hollow submicrospheres by hydrothermal route[J]. Physica E., 2009, 41: 1289-1292.

[144] Wang B N, Chen X Y, Zhang D W, Controllable synthesis and characterization of CuO, β-Ni(OH)$_2$ and Co$_3$O$_4$, nanocrystals in the MCl$_n$-NH$_4$VO$_3$-NaOH system[J]. J. Phys. Chem. Solids, 2010, 71: 285-289.

[145] Al-Hajry A, Umar A, Vaseem M, et al. Low-temperature growth and properties of flower-shaped β-Ni(OH)$_2$ and NiO structures composed of thin nanosheets networks[J]. Superlattice. Microst., 2008, 44: 216-222.

[146] Vidotti M, Greco C, Ponzio E A, et al. Sonochemically synthesized Ni(OH)$_2$ and Co(OH)$_2$ nanoparticles and their application in electrochromic electrodes[J]. Electrochem. Commun., 2006, 8: 554-560.

[147] Chou S, Cheng F, Chen J. Electrochemical deposition of Ni(OH)$_2$ and Fe-Doped Ni(OH)$_2$ tubes[J]. Eur. J. Inorg. Chem., 2005, 4035-4039.

[148] Zhitomirsky I. Cathodic electrodeposition of ceramic and organoceramic

materials: fundamental aspects[J]. Adv. Coll. Interf. Sci., 2002, 97: 279-317.

[149] Guan X Y, Deng J C. Preparation and electrochemical performance of nano-scale nickel hydroxide with different shapes [J]. Mater. Lett., 2007, 61: 621-625.

[150] Ren Y, Gao L. From three-dimensional flower-Like α-Ni(OH)$_2$ nanostructures to hierarchical porous NiO nanoflowers: microwave-assisted fabrication and supercapacitor properties[J]. J. Am. Ceram. Soc., 2010, 93: 3560-3564.

[151] Liu X H, Yu L. Synthesis of nanosized nickel hydroxide by solid-state reaction at room temperature[J]. Mater. Lett., 2004, 58: 1327-1330.

[152] Kong X H, Liu X B, He Y D, et al. Hydrothermal synthesis of β-nickel hydroxide microspheres with flakelike nanostructures and thei relectrochemical properties[J]. Mater. Chem. Phys., 2007, 106: 375-378.

[153] Cai F S, Zhang G Y, Chen J, et al. Ni(OH)$_2$ tubes with mesoscale dimensions as positive-electrode materials of alkaline rechargeable batteries angew[J]. Chem. Int. Ed., 2004, 43: 4212-4216.

[154] Matsui K, Kyotani T, Tomita A. Hydrothermal synthesis of single-crystal Ni(OH)$_2$ nanorods in a carbon-coated anodic alumina film[J]. Adv. Mater., 2002, 14: 1216-1219.

[155] Han X, Xie X, Xu C, et al. Morphology and electrochemical performance of nano-scale nickel hydroxide prepared by supersonic coordination precipitation method[J]. Opt Mater., 2003, 23: 465-470.

[156] Liu X, Yu L. Influence of nanosized Ni(OH)$_2$ addition on the electrochemical performance of nickel hydroxide electrode[J]. J. Power Source, 2004, 128: 326-330.

[157] Reisner D E, Salkind A J, Strutt P R, et al. Nickel hydroxide and other nanophase cathode materials for rechargeable batteries [J]. J. Power Source, 1997, 65: 231-233.

[158] Yang D N, Wang R M, He M S, et al. Ribbon- and boardlike nanostructures of nickel hydroxide: synthesis, characterization, and electrochemical properties[J]. J. Phys. Chem. B, 2005, 109: 7654-7658.

[159] Fu G, Hu Z, Xie L, et al. Electrodeposition of nickel hydroxide films on nickel foil and its electrochemical performances for supercapacitor[J]. Int. J. Electrochem. Sci., 2009, 4: 1052-1062.

[160] Cheng J, Cao G P, Yang Y S. Characterization of sol-gel derived NiO_x xerogels as supercapacitors[J]. J. Power Source, 2006, 159: 734-741.

[161] Yuan C, Zhang X, Su L, et al. Facile synthesis and self-assembly of hierarchical porous NiO nano/micro spherical superstructures for high performance supercapacitors[J]. J. Mater. Chem., 2009, 19: 5772-5777.

[162] Chen S, Zhu J W, Zhou H, et al. One-step synthesis of low defect density carbon nanotube-doped $Ni(OH)_2$ nanosheets with improved electrochemical performances[J]. RSC Adv., 2011, 1: 484-489.

[163] Jung K W, Yang D C, Park C N, et al. Effects of the addition of ZnO and Y_2O_3 on the electrochemical characteristics of a $Ni(OH)_2$ electrode in nickel-metal hydride secondary batteries[J]. Int. J. Hydrogen Energy, 2010, 35: 13073-13077.

[164] Cheng S A, Leng W H, Zhang J Q, et al. Electrochemical properties of the pasted nickel electrodeusing surface modified $Ni(OH)_2$ powder as active material[J]. J. Power Sources, 2001, 101: 248-252.

[165] Zhang G, Li W, Xie K, et al. A one-step and binder-free method to fabricate hierarchical nickel-based supercapacitor electrodes with excellent performance[J]. Adv. Funct. Mater., 2013, 23, 3675-3681.

[166] Fan Z, Yan J, Zhi L, et al. A three-dimensional carbon nanotube/graphene sandwich and its application as electode in supercapacitors[J]. Adv. Mater., 2010, 22: 3723-3728.

[167] Wang H, Liang Y, Mirfakhrai T. Advanced asymmetrical supercapacitors based on graphene hybrid materials[J]. Nano Res., 2011, 4: 729-736.

[168] Yan J, Fan Z, Sun W, et al. Advanced asymmetric supercapacitors based on $Ni(OH)_2$/graphene and porous graphene electrodes with high energy density[J]. Adv. Funct. Mater., 2012, 22: 2632-2641.

[169] Wei G, Du K, Zhao X, et al. Integrated FeOOH nanospindles with conductive polymer layer for high-performance supercapacitors[J]. J. Alloys Compd., 2017, 728: 631-639.

[170] Wang B, Wu H, Yu L, et al. Template-free formation of uniform urchin-like α-FeOOH hollow spheres with superior capability for water treatment [J]. Adv. Mater., 2012, 24: 1111-1116.

[171] Chen Y C, Lin Y G, Hsu Y K, et al. Novel iron oxyhydroxide lepidocrocite nanosheet as ultrahigh power density anode material for asymmetric super-

capacitors[J]. Small, 2014, 10: 3803-3810.

[172] Chen L-F, Yu Zi-Y, Wang J-J, et al. Metal-like fluorine-doped β-FeOOH nanorods grown on carbon cloth for scalable high-performance supercapacitors[J]. Nano Energy, 2015, 11: 119-128.

[173] Zhang Y X, Hao X D, Diao Z P, et al. One-pot controllable synthesis of flower-like $CoFe_2O_4$/FeOOH nanocomposites for high-performance supercapacitors[J]. Mater. Lett., 2014, 123: 229-234.

[174] Lv Y, Che H, Liu A, et al. Urchin-like α-FeOOH@ MnO_2 core-shell hollow microspheres for high-performance supercapacitor electrode[J]. J. Appl. Electrochem., 2017, 47: 433-444.

[175] Xia X, Lei W, Hao Q, et al. One-pot synthesis and electrochemical properties of nitrogen-doped graphene decorated with $M(OH)_x$ (M = FeO, Ni, Co) nanoparticles[J]. Electrochim. Acta, 2013, 113: 117-126.

[176] Wei Y, Ding R, Zhang C, et al. Facile synthesis of self-assembled ultrathin α-FeOOH nanorod/graphene oxide composites for supercapacitors[J]. J. Colloid Interface Sci., 2017, 504: 593-602.

[177] Lu Q, Liu L, Yang S, et al. Facile synthesis of amorphous FeOOH/MnO_2 composites as screen-printed electrode materials for all-printed solid-state flexible supercapacitors[J]. J. Power Sources, 2017, 361: 31-38.

[178] Liu J, Zheng M, Shi X, et al. Amorphous FeOOH quantum dots assembled mesoporous film anchored on graphene nanosheets with superior electrochemical performance for supercapacitors[J]. Adv. Funct. Mater., 2016, 26: 919-930.

[179] Chen J, Xu J, Zhou S, et al. Amorphous nanostructured FeOOH and Co-Ni double hydroxides for high-performance aqueous asymmetric supercapacitors[J]. Nano Energy, 2016, 21: 145-153.

[180] Jost K, Dion G and Gogotsi Y. Textile energy storage in perspective[J]. J. Mater. Chem. A, 2014, 2: 10776-10787.

[181] Zeng W, Shu L, Li Q, et al. Fiber based wearable electronics: A review of materials, fabrication, devices, and applications[J]. Adv. Mater., 2014, 26: 5310-5336.

[182] Liu R, Ma L, Niu G, et al. Flexible Ti-doped FeOOH quantum dots/graphene/bacterial cellulose anode for high-energy asymmetric supercapacitors[J]. Part. Part. Syst. Charact., 2017, 34: 1700213.

[183] Gong X, Li S and Lee P S. A fiber asymmetric supercapacitor based on FeOOH/PPy on carbon fibers as an anode electrode with high volumetric energy density for wearable applications[J]. Nanoscale, 2017, 9: 10794-10801.

[184] Li N, Zhi C Y, Zhang H. High-performance transparent and flexible asymmetric supercapacitor based on graphene-wrapped amorphous FeOOH nanowire and Co(OH)$_2$ nanosheet transparent films produced at air-water interface[J]. Electrochim. Acta, 2016, 220: 618-627.

[185] O'Neill L, Johnston C, Grant P S. Enhancing the supercapacitor behaviour of novel Fe$_3$O$_4$/FeOOH nanowire hybrid electrodes in aqueous electrolytes[J]. J. Power Sources, 2015, 274: 907-915.

[186] Yuan C, Yang L, Hou L, et al. Growth of ultrathin mesoporous Co$_3$O$_4$ nanosheet arrays on Ni foam for high-performance electrochemical capacitors[J]. Energy Environ. Sci., 2012, 5: 7883-7887.

[187] Cheng H, Lu Z G, Deng J Q, et al. A facile method to improve the high rate capability of Co$_3$O$_4$ nanowire array electrodes[J]. Nano Res., 2010, 3: 895-901.

[188] Xu J A, Gao L, Cao J Y, et al. Preparation and electrochemical capacitance of cobalt oxide (Co$_3$O$_4$) nanotubes as supercapacitor material[J]. Electrochim. Acta, 2010, 56: 732-736.

[189] Zhang F, Yuan C Z, Lu X J, et al. Facile growth of mesoporous Co$_3$O$_4$ nanowire arrays on Ni foam for high performance electrochemical capacitors[J]. J. Power Sources, 2012, 203: 250-256.

[190] Lang J W, Yan X B, Xue Q J. Facile preparation and electrochemical characterization of cobalt oxide/multi-walled carbon nanotube composites for supercapacitors[J]. J. Power Sources, 2011, 196: 7841-7846.

[191] Dong X-C, Xu H, Wang X, et al. 3D graphene-cobalt oxide electrode for high-performance supercapacitor and enzymeless glucose detection[J]. ACS Nano, 2012, 6: 3206-3213.

[192] Yuan C, Yang L, Hou L, et al. Flexible hybrid paper made of monolayer Co$_3$O$_4$, microsphere arrays on rGO/CNTs and their application in electrochemical capacitors[J]. Adv. Funct. Mater., 2012, 22: 2560-2566.

[193] Cheng M Y, Ye Y S, Cheng J H, et al. Defect-free graphene metal oxide composites: formed by lithium mediated exfoliation of graphite[J]. J. Mater.

Chem., 2012, 22: 14722-14726.

[194] Jagadale A D, Jamadade V S, Pusawale S N, et al. Effect of scan rate on the morphology of potentiodynamically deposited β-Co(OH)$_2$ and corresponding supercapacitive performance[J]. Electrochim. Acta, 2012, 78: 92-97.

[195] Pan G X, Xia X, Cao F, et al. Porous Co(OH)$_2$/Ni composite nanoflake array for high performance supercapacitors[J]. Electrochim. Acta, 2012, 63: 335-340.

[196] Yuan C Z, Zhang X G, Hou L R, et al. Lysine-assisted hydrothermal synthesis of urchin-like ordered arrays of mesoporous Co(OH)$_2$ nanowires and their application in electrochemical capacitors[J]. J. Mater. Chem., 2010, 20: 10809-10816.

[197] Ahn H J, Kim W B, Seong T Y. Co(OH)$_2$ combined carbon-nanotube array electrodes for high-performance micro-electrochemical capacitors[J]. Electrochem. Commun., 2008, 10: 1284-1287.

[198] Guo Y G, Hu J S, Wan L J. Nanostructured materials for electrochemical energy conversion and storage devices[J]. Adv. Mater., 2008, 20: 2878-2887.

[199] Simon P, Gogotsi Y. Materials for electrochemical capacitors[J]. Nat. Mater., 2008, 7: 845-854.

[200] Zhu T, Chen J S, Lou X W. Shape-controlled synthesis of porous Co$_3$O$_4$ nanostructures for application in supercapacitors[J]. J. Mater. Chem., 2010, 20: 7015-7020.

[201] Lang J W, Kong L B, Wu W J, et al. Facile approach to prepare loose-packed NiO Nano-flakes materials for supercapacitors[J]. Chem. Commun., 2008, 4213-4215.

[202] Zhu L P, Liao G H, Yang Y, et al. Self-assembled 3D flower-like hierarchical β-Ni(OH)$_2$ hollow architectures and their in situ thermal conversion to NiO[J]. Nanoscale Res. Lett., 2009, 4: 550-557.

[203] Gao S, Yang S, Shu J, Zhang S, et al. Green fabrication of hierarchical CuO hollow micro/nanostructures and enhanced performance as electrode materials for lithium-ion batteries[J]. J. Phys. Chem. C, 2008, 112: 19324-19328.

[204] Cao A M, Hu J S, Liang H P, et al. Self-assembled vanadium pentoxide (V_2O_5) hollow microspheres from nanorods and their application in lithium-ion batteries[J]. Angew. Chem. Int. Edit., 2005, 44: 4391-4395.

[205] Chou S L, Cheng F Y, Chen J. Electrochemical deposition of Ni(OH)$_2$ and Fe-doped Ni(OH)$_2$ tubes [J]. Eur. J. Inorg. Chem., 2005, 4035-4049.

[206] Chen D L, Gao L. New and facile route to ultrafine nanowires, superthin flakes and uniform nanodisks of nickel hydroxide[J]. Chem. Phys. Lett., 2005, 405(1): 159-164.

[207] Wang Y, Zhu Q S, Zhang H G. Fabrication of β-Ni(OH)$_2$ and NiO hollow spheres by a facile template-free process [J]. Chem. Commun., 2005, 5231-5233.

[208] Wang D B, Song C X, Hu Z S, et al. Fabrication of hollow spheres and thin films of nickel hydroxide and nickel oxide with hierarchical structures [J]. J. Phys. Chem. B, 2005, 109(3): 1125-1129.

[209] Coudun C, Hochepied J F. Nickel hydroxide "stacks of pancakes" obtained by the coupled effect of ammonia and template agent[J]. J. Phys. Chem. B, 2005, 109: 6069-6074.

[210] Li M, Lebeau B, Mann S. Synthesis of aragonite nanofilament networks by mesoscale self-assembly and transformation in reverse microemulsions[J]. Adv. Mater., 2003, 15: 2032-2035.

[211] Korgel B A, Fitzmaurice D. Self-assembly of silver nanocrystals into two-dimensional nanowire arrays[J]. Adv. Mater., 1998, 10: 661-665.

[212] Mo M, Yu J C, Zhang L Z, et al. Self-assembly of ZnO nanorods and nanosheets into hollow microhemispheres and microspheres[J]. Adv. Mater., 2005, 17(6): 756-760.

[213] Dong L H, Chu Y, Sun W D. Effect of ancillary ligands on the photophysical properties of Ru(II) complexes bearing a highly conjugated diimine ligand: A density functional theory study[J]. Chem-Eur. J., 2008, 14: 5064-5072.

[214] Zhang J, Liu X H, Guo X Z, et al. A general approach to fabricate diverse noble-metal (Au, Pt, Ag, Pt/Au)/Fe$_2$O$_3$ hybrid nanomaterials [J]. Chem. Eur. J., 2010, 16: 8108-8116.

[215] Lu W W, Gao S Y, Wang J J. One-pot synthesis of Ag/ZnO self-assem-

bled 3D hollow microspheres with enhanced photocatalytic performance [J]. J. Phys. Chem. C, 2008, 112: 16792-16800.

[216] Chen Y C, Zheng F C, Min Y L, et al. One-pot synthesis of Ag/β-Ni(OH)$_2$ flower microspheres with enhanced photocatalytic performance[J]. Colloids and surfaces A: Physicochem. Eng. Aspects, 2012, 395: 125-130.

[217] Zheng Y H, Zheng L R, Zhan Y Y, et al. Ag/ZnO heterostructure nanocrystals: synthesis, characterization, and photocatalysis [J]. Inorg. Chem. , 2007, 46: 6980-6986.

[218] Patil U M, Gurav K V, Fulari V J, et al. Characterization of honeycomb-like β-Ni(OH)$_2$ thin films synthesized by chemical bath deposition method and their supercapacitor application[J]. J. Power Sources, 2009, 188: 338-342.

[219] Zhu W H, Ke J J, Yu H M, et al. A study of the electrochemistry of nickel hydroxide electrodes with various additives[J]. J. Power Sources, 1995, 56: 75-79.

[220] Yang Z J, Wei J J, Yang H X, et al. Mesoporous CeO$_2$ hollow spheres prepared by Ostwald ripening and their environmental applications [J]. Eur. J. Inorg. Chem. , 2010, 3354-3359.

[221] Yi R, Shi R R, Gao G H, et al. Hollow metallic microspheres: fabrication and characterization[J]. J. Phys. Chem. C, 2009, 113: 1222-1226.

[222] Mantion A, Gozzo F, Schmitt B, et al. Amino acids in iron oxide mineralization: (Incomplete) crystal phase selection is achieved even with single amino acids[J]. J. Phys. Chem. C, 2008, 112: 12104-12110.

[223] Cheong W Y, Gellman A J. Energetics of chiral imprinting of Cu(100) by lysine[J]. J. Phys. Chem. C, 2011, 115: 1031-1035.

[224] Davis T M, Snyder M A, Tsapatsis M. Germania nanoparticles and nanocrystals at room temperature in water and aqueous lysine sols[J]. Langmuir, 2007, 23: 12469-12472.

[225] Liu M, Zhang G J, Shen Z R, et al. Synthesis and characterization of hierarchically structured mesoporous MnO$_2$ and Mn$_2$O$_3$[J]. Solid State Sci. , 2009, 11: 118-128.

[226] Chen Z Q, Fu Y Y, Cai Y R, et al. Effect of amino acids on the crystal growth of hydroxyapatite[J]. Mater. Lett. , 2012, 68: 361-363.

[227] Cotton F A, Wilkinson G, Murillo C A, et al. Advanced Inorganic Chemistry [M]. Wiley & Sons, New York, 1999.

[228] Yokoi T, Karouji T, Ohta S, et al. Synthesis of mesoporous silica nanospheres promoted by basic amino acids and their catalytic application[J]. Chem. Mater., 2010, 22: 3900-3908.

[229] Rautaray D, Mandal S, Sastry M. Synthesis of hydroxyapatite crystals using amino acid-capped gold nanoparticles as a scaffold[J]. Langmuir, 2005, 21: 5185-5191.

[230] He Z B, Yu S H, Zhu J P. Amino acids controlled growth of shuttle-like scrolled tellurium nanotubes and nanowires with sharp tips[J]. Chem. Mater., 2005, 17: 2785-2788.

[231] Zhang G J, Shen Z R, Liu M, et al. Synthesis and characterization of mesoporous ceria with hierarchical nanoarchitecture controlled by amino acids [J]. J. Phys. Chem. B, 2006, 110: 25782-25790.

[232] Yokoi T, Sakamoto Y, Terasaki O, et al. Periodic arrange-ment of silica nanospheres assisted by amino acids[J]. J. Am. Chem. Soc., 2006, 128: 13664-13665.

[233] Xu M W, Bao S J, Li H L, Synthesis and characterization of mesoporous nickel oxide for electrochemical capacitor[J]. J. Solid State Electr., 2007, 11: 372-377.

[234] Yan H J, Bai J W, Wang J, et al. Graphene homogeneously anchored with Ni(OH)$_2$ nanoparticles as advanced supercapacitor electrodes[J]. CrystEngComm, 2013, 15: 10007-10015.

[235] Kim M G, Cho J. Reversible and high-capacity nanostructured electrode materials for Li-ion batteries [J]. Adv. Funct. Mater., 2009, 19: 1497-1514.

[236] Zhang J T, Jiang J W, Zhao X S. Synthesis and capacitive properties of manganese oxide nanosheets dispersed on functionalized graphene sheets [J]. J. Phys. Chem. C, 2011, 115: 6448-6454.

[237] Zhu C, Guo S, Fang Y, et al. Reducing sugar: new functional molecules for the green synthesis of graphene nanosheets[J]. ACS Nano, 2010, 4: 2429-2437.

[238] Jang S Y, Kim Y G, Kim D Y, et al. Electrodynamically sprayed thin films of aqueous dispersible graphene nanosheets: Highly efficient cathodes

for dye-sensitized solar cells[J]. ACS Appl. Mater. Interfaces, 2012, 4: 3500-3507.

[239] Zhou G M, Wang D W, Yin L C, et al. Oxygen bridges between NiO nanosheets and graphene for improvement of lithium storage[J]. ACS Nano, 2012, 6: 3214-3223.

[240] Lee J W, Ahn T, Soundararajan D, et al. Non-aqueous approach to the preparation of reduced graphene oxide α-Ni(OH)$_2$ hybrid composites and their high capacitance behavior[J]. Chem. Commun., 2011, 47: 6305-6307.

[241] Gómez-Navarro C, Weitz R T, Bittner A M, et al. Electronic transport properties of individual chemically reduced graphene oxide sheets[J]. Nano Lett., 2007, 7: 3499-3503.

[242] Zou Y Q, Wang Y. NiO nanosheets grown on graphene nanosheets as superior anode materials for Li-ion batteries[J]. Nanoscale, 2011, 3: 2615-2620.

[243] Shieh S R, Duffy T S. Raman spectroscopy of Co(OH)$_2$ at high pressures: implications for amorphization and hydrogen repulsion[J]. Phys. Rev. B, 2002, 66: 134301.

[244] Sun Y M, Hu X L, Luo W, et al. Self-assembled hierarchical MoO$_2$/graphene nanoarchitectures and their application as a high-performance anode material for lithium-ion batteries[J]. ACS Nano, 2011, 5: 7100-7107.

[245] Lu Y, Wang X L, Mai Y J. Ni$_2$P/graphene sheets as anode materials with enhanced electrochemical properties versus lithium[J]. J. Phys. Chem. C, 2012, 116: 22217-22225.

[246] Fan X, Peng W, Li Y, et al. Deoxygenation of exfoliated graphite oxide under alkaline conditions: A green route to graphene preparation[J]. Adv. Mater., 2008, 20: 4490-4493.

[247] Stankovich S, Dikin D A, Dommett G H B, et al. Graphene-based composite materials[J]. Nature, 2006, 442: 282-286.

[248] Abdelsayed V, El-Shall M S. Vapor phase nucleation on neutral and charged nanoparticles: Condensation of supersaturated trifluoroethanol on Mg nanoparticles[J]. J. Chem. Phys., 2007, 126(2): 024706.

[249] Zhang J T, Zhao, X S. Conducting polymers directly coated on reduced graphene oxide sheets as high-performance supercapacitor electrodes[J].

J. Phys. Chem. C, 2012, 116: 5420-5426.

[250] Wu M S, Huang Y A, Yang C H. Capacitive behavior of porous nickel oxide/hydroxide electrodes with interconnected nanoflakes synthesized by anodic electrodeposition[J]. J. Electrochem. Soc., 2008, 155: A798-A805.

[251] Rakhi R B, Chen W, Cha D, et al. Substrate dependent self-organization of mesoporous cobalt oxide nanowires with remarkable pseudocapacitance [J]. Nano Lett., 2012, 12: 2559-2567.

[252] Korenblit Y, Rose M, Kockrick E, et al. High-rate electrochemical capacitors based on ordered mesoporous silicon carbide-derived carbon[J]. ACS Nano, 2010, 4: 1337-1344.

[253] Zhang J, Kong L B, Cai J J, et al. Hierarchically porous nickel hydroxide/mesoporous carbon composite materials for electrochemical capacitors [J]. Microporous Mesoporous Mater., 2010, 132: 154-162.

[254] Liu C, Li F, Ma L P. Advanced materials for energy storage[J]. Adv. Mater., 2010, 22: E28-E62.

[255] Li Na, Cao M H, Hu C W, et al. Review on latest design of graphene-based inorganic materials[J]. Nanoscale, 2012, 4: 6205-6218.

[256] Guo S, Dong S. Graphene nanosheet: synthesis, molecular engineering, thin film, hybrids, and energy and analytical applications[J]. Chem. Soc. Rev., 2012, 40: 2644-2672.

[257] Sridhar V, Kim H J, Jung J H, et al. Defect-engineered three-dimensional graphene-nanotube-palladium nanostructures with ultrahigh capacitance [J]. ACS Nano, 2012, 6: 10562-10570.

[258] Dong X C, Li B, Wei A, et al. One-step growth of graphene-carbon nanotube hybrid materials by chemical vapor deposition[J]. Carbon, 2011, 49: 2944-2949.

[259] Lee T I, Jeagal J P, Choi J H. Binder-free and Full electrical-addressing free-standing nanosheets with carbon nanotube fabrics for electrochemical applications[J]. Adv. Mater., 2011, 23: 4711-4715.

[260] Qiao Y, Bao S J, Li C M, et al. Nanostructured polyaniline/titanium dioxide composite anode for microbial fuel cells[J]. ACS Nano, 2008, 2: 113-119.

[261] Hu G X, Li C X, Gong H. Capacitance decay of nano porous nickel hydroxide[J]. J. Power Sources, 2010, 195: 6977-6981.

[262] Xu J, Wang Q F, Wang X W, et al. Flexible asymmetric supercapacitors based upon Co_9S_8 nanorod//Co_3O_4@RuO_2 nanosheet arrays on carbon cloth [J]. ACS Nano, 2013, 7: 5453-5462.

[263] Bao L H, Zang J F, Li X D. Flexible Zn_2SnO_4/MnO_2 core/shell nanocable-carbon microfiber hybrid composites for high-performance supercapacitor electrodes[J]. Nano Lett., 2011, 11: 1215-1220.

[264] Ida S, Shiga D, Koinuma M, et al. Synthesis of hexagonal nickel hydroxide nanosheets by exfoliation of layered nickel hydroxide intercalated with dodecyl sulfate ions[J]. J. Am. Chem. Soc., 2008, 130: 14038-14039.

[265] Wang L, Wang D, Dong X Y, et al. Layered assembly of graphene oxide and Co-Al layered double hydroxide nanosheets as electrode materials for supercapacitors[J]. Chem. Commun., 2011, 47: 3556-3558.

[266] Vijayakumar S, Muralidharan G. Electrochemical supercapacitor behaviour of α-Ni(OH)$_2$ nanoparticles synthesized via green chemistry route[J]. J. Electroanal. Chem., 2014, 727: 53-58.

[267] Lang J W, Kong L B, Liu M, et al. Asymmetric supercapacitors based on stabilized α-Ni(OH)$_2$ and activated carbon[J]. J. Solid State Electrochem., 2010, 14: 1533-1539.

[268] Nethravathi C, Viswanath B, Sebastian M, et al. Exfoliation of α-hydroxides of nickel and cobalt in water[J]. J. Colloid Interf. Sci., 2010, 345: 109-115.

[269] Lee J W, Ko J M, Kim J-D. Hierarchical microspheres based on α-Ni(OH)$_2$ nanosheets intercalated with different anions: synthesis, anion exchange, and effect of intercalated anions on electrochemical capacitance[J]. J. Phys. Chem. C, 2011, 115: 19445-195454.

[270] Xie J F, Sun X, Zhang N, et al. Layer-by-layer β-Ni(OH)$_2$/graphene nanohybrids for ultraflexible all-solid-state thin-film supercapacitors with high electrochemical performance[J]. Nano Energy, 2013, 2: 65-74.

[271] Nethravathi C, Rajamathi M, Ravishankar N, et al. Synthesis of graphene oxide-intercalated α-hydroxides by metathesis and their decomposition to graphene/metal oxide composites[J]. Carbon, 2010, 48: 4343-4350.

[272] Abdelkader A M, Vallés C, Cooper A J, et al. Alkali reduction of graphene oxide in molten halide salts: production of corrugated graphene derivatives for high-performance supercapacitors[J]. ACS Nano, 2014, 8:

11225-11233.

[273] Abdelkader A M. Electrochemical synthesis of highly corrugated graphene sheets for high performance supercapacitors[J]. J. Mater. Chem. A, 2015, 3: 8519-8525.

[274] Li D, Muller M B, Gilje S, et al. Processable aqueous dispersions of graphene nanosheets[J]. Nat. Nano, 2008, 3: 101-105.

[275] Liu B H, Yu S H, Chen S F, et al. Hexamethylenetetramine directed synthesis and properties of a new family of α-nickel hydroxide organic inorganic hybrid materials with high chemical stability[J]. J. Phys. Chem. B, 2006, 110: 4039-4046.

[276] Schniepp H C, Li J L, McAllister M J, et al. Functionalized single graphene sheets derived from splitting graphite oxide[J]. J. Phys. Chem. B, 2006, 110: 8535-8539.

[277] Yan X, Chen J, Yang J, et al. Fabrication of free-standing, electrochemically active, and biocompatible graphene oxide-polyaniline and graphene-polyaniline hybrid papers[J]. ACS Appl. Mater. Interfaces, 2010, 2: 2521-2529.

[278] Kovtyukhova N I, Ollivier P J, Martin B R, et al. Layer-by-layer assembly of ultrathin composite films from micron-sized graphite oxide sheets and polycations[J]. Chem. Mater., 1999, 11: 771-778.

[279] Hu Z A, Xie Y L, Wang Y X, et al. Synthesis of α-cobalt hydroxides with different intercalated anions and effects of intercalated anions on their morphology, basal plane spacing, and capacitive property[J]. J. Phys. Chem. C, 2009, 113: 12502-12508.

[280] Biswal M, Banerjee A, Deo M, et al. From dead leaves to high energy density supercapacitors[J]. Energy Environ. Sci., 2013, 6: 1249-1259.

[281] Chang J, Jin M H, Yao F, et al. Asymmetric supercapacitors based on graphene/MnO_2 nanospheres and graphene/MoO_3 nanosheets with high energy density[J]. Adv. Funct. Mater., 2013, 23: 5074-5083.

[282] Krishnamoorthy K, Veerasubramani G K, Radhakrishnan S, et al. One pot hydrothermal growth of hierarchical nanostructured Ni_3S_2 on Ni foam for supercapacitor application[J]. Chem. Eng. J., 2014, 251: 116-122.

[283] Xiao Y, Kiu S, Li F, et al. D hierarchical Co_3O_4 twin-spheres with an urchin-like structure: large-scale synthesis, multistep-splitting growth, and

electrochemical pseudocapacitors[J]. Adv. Funct. Mater., 2012, 22: 4052-4059.

[284] Sui L P, Tang S H, Chen Y D, et al. An asymmetric supercapacitor with good electrochemical performances based on Ni(OH)$_2$/AC/CNT and AC [J]. Electrochim. Acta, 2015, 182: 1159-1165.

[285] Wang H, Holt C M B, Li Z, et al. Graphene-nickel cobaltite nanocomposite asymmetrical supercapacitor with commercial level mass loading[J]. Nano Res., 2012, 5: 605-617.

[286] Liu W W, Li X, Zhu M H, et al. High-performance all-solid-state asymmetric supercapacitor based on Co$_3$O$_4$ nanowires and carbon aerogel[J]. J. Power Sources, 2015, 282: 179-186.

[287] Li R, Wang S L, Huang Z C, et al. NiCo$_2$S$_4$@Co(OH)$_2$ core-shell nanotube arrays in situ grown on Ni foam for high performances asymmetric supercapacitors[J]. J. Power Sources, 2016, 312: 156-164.

[288] Jagadale A D, Guan G Q, Li X M, et al. Ultrathin nanoflakes of cobalt-manganese layered double hydroxide with high reversibility for asymmetric supercapacitor[J]. J. Power Sources, 2016, 306: 526-534.

[289] Jing X U, Wang Q F, Wang X W, et al. Flexible asymmetric supercapacitors based upon Co$_9$S$_8$ nanorod//Co$_3$O$_4$@RuO$_2$ nanosheet arrays on carbon cloth[J]. ACS Nano, 2013, 7: 5453-5462.

[290] Lu X H, Yu M H, Wang G M, et al. H-TiO$_2$@MnO$_2$//H-TiO$_2$@C core-shell nanowires for high performance and flexible asymmetric supercapacitors[J]. Adv. Mater., 2013, 25: 267-272.

[291] Yan H J, Bai J W, Wang B, et al. Electrochemical reduction approach-based 3D graphene/Ni(OH)$_2$ electrode for high-performance supercapacitors[J]. Electrochim. Acta, 2015, 154: 9-16.

[292] Zhou X, Wang A, Pan Y M, et al. Facile synthesis of a Co$_3$O$_4$@carbon nanotubes/polyindole composite and its application in all-solid-state flexible supercapacitors[J]. J. Mater. Chem. A, 2015, 3: 13011-13015.

[293] Yan H J, Bai J W, Liao M R, et al. One-step synthesis of Co$_3$O$_4$/graphene aerogels and their all-solid-state asymmetric supercapacitor[J]. Eur. J. Inorg. Chem., 2017: 1143-1152.

[294] Barmi A-A M, Aghazadeh M, Arhami B, et al. Porous cobalt hydroxide nanosheets with excellent supercapacitive behavior[J]. Chem. Phys.

Lett., 2012, 541: 65-69.

[295] Tang S C, Vongehr S, Wang Y, et al. Ethanol-assisted hydrothermal synthesis and electrochemical properties of coral-like β-Co(OH)$_2$ nanostructures[J]. J. Solid State Chem., 2010, 183: 2166-2173.

[296] Li B J, Cao H Q, Shao J, et al. Co$_3$O$_4$@graphene composites as anode materials for high-performance lithium ion batteries[J]. Inorg. Chem., 2011, 50: 1628-1632.

[297] Wu C H, Shen Q, Mi R, et al. Three-dimensional Co$_3$O$_4$/flocculent graphene hybrid on Ni foam for supercapacitor applications[J]. J. Mater. Chem., 2014, 2: 15987-15994.

[298] Bai J W, Yan H J, Liu Q, et al. Synthesis of layered α-Ni(OH)$_2$/RGO composites by exfoliation of α-Ni(OH)$_2$ for high-performance asymmertric-supercapacitors[J]. Mater. Chem. Phys., 2018, 204: 18-26.

[299] Peng H, Ma G F, Sun K J, et al. A novel aqueous asymmetric supercapacitor based on petal-like cobalt selenide nanosheets and nitrogen-doped porous carbon networks electrodes[J]. J. Power Sources, 2015, 297: 351-358.

[300] Wang Q, Xu J, Wang X, et al. Core-shell CuCo$_2$O$_4$@MnO$_2$ nanowires on carbon fabrics as high-performance materials for flexible, all-solid-state, electrochemical capacitors[J]. ChemElectroChem, 2014, 1: 559-564.

[301] Zhai T, Wang F X, Yu M H, et al. 3D MnO$_2$-graphene composites with large areal capacitance for high-performance asymmetric supercapacitors [J]. Nanoscale, 2013, 5: 6790-6796.

[302] Xiang C C, Li M, Zhi M J, et al. A reduced graphene oxide/Co$_3$O$_4$ composite for supercapacitor electrode.[J]. J. Power Sources, 2013, 226: 65-70.

[303] Cheng Y W, Zhang H B, Varanasi C V, et al. Improving the performance of cobalt-nickel hydroxide-based self-supporting electrodes for supercapacitors using accumulative approaches[J]. Energy Environ. Sci., 2013, 6: 3314-3321.

[304] Wang H, Qing C, Guo J L, et al. Highly conductive carbon-CoO hybrid nanostructure arrays with enhanced electrochemical performance for asymmetric supercapacitors[J]. J. Mater. Chem., 2014, 2: 11776-11783.

[305] Li J, Zan G, Wu Q. An ultra-high-performance anode material for super-

capacitors: self-assembled long Co_3O_4 hollow tube network with multiple heteroatom (C-, N- and S-) doping[J]. J. Mater. Chem. A, 2016, 4: 9097-9105.

[306] Ji J, Zhang L L, Ji H, et al. Nanoporous $Ni(OH)_2$ thin film on 3D ultra-thin-graphite foam for asymmetric supercapacitor[J]. ACS Nano, 2013, 7: 6237-6243.

[307] Elmouwahidi A, Zapatabenabithe Z, Carrascomarín F, et al. Activated carbons from KOH-activation of argan (argania spinosa) seed shells as supercapacitor electrodes[J]. Bioresour. Technol. , 2012, 111: 185-190.

[308] Qu Y, Zan G, Wang J, et al. Preparation of eggplant-derived macroporous carbon tubes and composites of EDMCT/Co(OH)$(CO_3)_{0.5}$ nano-cone-arrays for high-performance supercapacitors[J]. J. Mater. Chem. A, 2016, 4: 4296-4304.

[309] Shen B, Guo R, Lang J, et al. A high-temperature flexible supercapacitor based on pseudocapacitive behavior of FeOOH in an ionic liquid electrolyte [J]. J. Mater. Chem. A, 2016, 4: 8316-8327.

[310] Su L H, Gong L Y, Wang X X, et al. Improved low-temperature performance of novel asymmetric supercapacitor with capacitor/battery-capacitor construction[J]. Int. J. Energy Res. , 2016, 40: 763-769.

[311] Wang Y, Song Y, Xia Y. Electrochemical capacitors: mechanism, materials, systems, characterization and applications [J]. Chem. Soc. Rev. , 2016, 45: 5925-5950.

[312] Lu W, Goering A, Qu L, et al. Lithium-ion batteries based on vertically-aligned carbon nanotube electrodes and ionic liquid electrolytes[J]. Phys. Chem. Chem. Phys. , 2012, 14: 1209-1210.

[313] Liu Z H, Wang Z M, Yang X, et al. Intercalation of organic ammonium ions into layered graphite oxide[J]. Langmuir, 2002, 18: 4926-4932.

[314] Li J, Zhang S W, Chen C L, et al. Removal of Cu(II) and fulvic acid by graphene oxide nanosheets decorated with Fe_3O_4 nanoparticles[J]. ACS Appl. Mater. Inter. , 2012, 4: 4991-5000.

[315] Guo J, Wang R Y, Tjiu W W, et al. Synthesis of Fe nanoparticles@graphene composites for environmental applications[J]. J. Hazard. Mater. , 2012, 225-226: 63-73.

[316] Zhou N L, Meng N, Ma Y C, et al. Evaluation of antithrombogenic and antibacterial activities of a graphite oxide/heparin-benzalkonium chloride composite[J]. Carbon, 2009, 47: 1343-1350.

[317] Guo H L, Wang X F, Qian Q Y, et al. A green approach to the synthesis of graphene nanosheets[J]. ACS Nano, 2009, 3:2653-2659.

[318] Zhang C M, Zhu J X, Rui X H, et al. Synthesis of hexagonal-symmetry α-iron oxyhydroxide crystals using reduced graphene oxide as a surfactant and their Li storage properties[J]. CrystEngComm, 2012, 14: 147-153.

[319] Cong H P, Ren X C, Wang P, et al. Macroscopic multifunctional graphene-based hydrogels and aerogels by a metal ion induced self-assembly process[J]. ACS Nano, 2012, 6: 2693-2703.

[320] Qian X F, Ren M, Zhu Y, et al. Visible light assisted heterogeneous Fenton-like degradation of organic pollutant via α-FeOOH/mesoporous carbon composites[J]. Environ. Sci. Technol., 2017, 51: 3993-4000.

[321] Qi H, Cao L Y, Li J Y, et al. High pseudocapacitance in FeOOH/rGO composites with superior performance for high rate anode in Li-ion battery [J]. ACS Appl. Mater. Inter., 2016, 8: 35253-35263.

[322] Maeda H, Maeda Y. Schiller layers in β-ferric oxyhydroxide sol as an order-disorder phase separating system [J]. Langmuir, 1996, 12: 1446-1452.

[323] Cwiertny D M, Hunter G J, Pettibone J M, et al. Surface chemistry and dissolution of γ-FeOOH nanorods and microrods: environmental implications of size-dependent interactions with oxalate[J]. J. Phys. Chem. C, 2009, 113: 2175-2186.

[324] Yu S, Ng V M H, Wang F, et al. Synthesis and application of iron-based nanomaterials as anodes of lithium-ion batteries and supercapacitors[J]. J. Mater. Chem. A, 2018, 6: 9332-9367.

[325] Jiang Y, Chen D D, Song J S, et al. A facile hydrothermal synthesis of graphene porous NiO nanocomposite and its application in electrochemical capacitors[J]. Electrochim. Acta, 2013, 91: 173-178.

[326] Zhou G M, Wang D W, Li F, et al. Graphene-wrapped Fe_3O_4 anode material with improved reversible capacity and cyclic stability for lithium ion batteries[J]. Chem. Mater., 2010, 22: 5306-5313.

[327] Long C L, Jiang L L, Wei T, et al. High-performance asymmetric supercapacitors with lithium intercalation reaction using metal oxide-based composites as electrode materials[J]. J. Mater. Chem. A, 2014, 2: 16678-16686.

[328] Li J F, Chen D D, Wu Q S, et al. FeOOH nanorod arrays aligned on eggplant derived super long carbon tube networks as negative electrodes for supercapacitors[J]. New J. Chem., 2018, 42: 4513-4519.